读客文化

奇葩说

爱情需要反复讨论

《奇葩说》节目组 编著

文汇出版社

目录

单身
是"狗"
还是贵族

◯ 单身是"狗"

01

梁荃

城市无论多大，总有一盏灯为我点亮

曾经我也觉得"单身狗"这样的词真的好侮辱人。我没人要，我连人都不是？物种都改变了吗？

其实我一直都觉得单身挺好的。虽然我工作年限很短，但是单身让我获得了丰富的工作经验。为什么？我加班多嘛！一到临下班，"荃啊！回家没人陪，留在公司跟同事一起赶报告吧！"多温馨啊！一到周末，"荃啊！知道你没有约会，一起来公司开个会吧！"多幸福啊！于是年复一年，日复一日，我呢，变成了一个加班狗。

终于，我有了假期，我约小姐妹聊着八卦，正开心的时候，她说："宝贝儿，亲爱的，男朋友约我看电影，不走不行了，下次再聚啊！""重色轻友"四个字还没来得及说，她已经绝尘而去了，那我自己玩。我出去吃甜筒，第二个半价从来没有吃到过；我出去吃碗面，去个洗手间回来碗怎么被人收掉了？我回家，结果发现水管爆了，我自己修。结果被水淋病了之后上医院挂吊瓶，自己还要拿着吊瓶去上厕所。

直到有一天，我遇到了一个人，他对我说："请让我来照顾你。"我还觉得你有什么权利来照顾我，我自己过得很好。

可是慢慢地，我发现我之前二十几年过的真的是狗一样的生活，我现在可能仍然会加班，但是起码有人会问我："你几点回家？"我可能住的还是随时会被房东赶出去的出租屋，但我仍然觉得有了家。因为我终于发现，这个城市无论多大，总有一盏灯为我点亮。

我不用再流浪了。什么会流浪？狗啊！我流浪在职场，流浪在社交场，我的生活看起来很充实，其实我很空。所以谢谢你，让我不再做一个流浪的单身狗。

02

石泰铭
所谓贵族，
就是得到大家尊敬和社会认可的人

都说单身那么好，你为什么还要谈恋爱？你不谈恋爱你有那么多问题去烦恼吗？

你烦恼的第一个问题，你没了主权，请问有主权的就是贵族吗？那些没爹没娘的最适合当贵族了，因为他们最有主权，自己养自己。

第二，人生应该追求什么？人生追求的是空间和自由吗？追求的应该是幸福。如果我们的目标是追求空间和自由，今天家里养的狗死了，空间大了一点；今天家里养的金鱼死了，鱼缸搬走，空间又大了一点。

那么究竟什么样的人才是贵族呢？一、得到大家的尊敬。二、得到社会的认可。可是你得到尊敬了吗？作为一个单身狗，我就有血淋淋的经历。过年回家的时候，我没有得到尊敬，迎接我的不是夹道欢迎，而是举家盘问。朋友也是一样，小姐妹喝下午茶，来了就开始炫耀戒指。"这戒指又贵又大的，戴着也不好看，我老公买的，非要买这么大克拉的钻，他就是虚荣。"你往那儿一坐，你以为你是在进行上层贵族间的交流？可是她只是来虐狗！

所以我在此呼吁，没有秀恩爱就没有伤害，可是伤害永远不会停止，不仅是亲戚朋友不停止伤害，连社会都不停止伤害啊！全世界只有一个节日送给单身的朋友们，叫"双十一"，不像别的节日我送你一朵花，你送我一盒巧克力，这个节日只有疯狂打折。它是什么意思？就是单身狗不哭，站起来靠自己，你也能买得起！

所以，别再自豪地跟自己说："我单身，我是贵族。"总有一天狗都不理你。

03

颜江瀚
反正就无能，所以他是单身

英国的哈里王子，当他单身的时候，他也是典型的单身贵族，但他之所以为贵族，不是因为他单身，而是因为他是王子，所以我们能接受王子是贵族，但不能接受单身是贵族，你是不是贵族也不是由单身与否决定的。

所以不要因为他成为贵族是其他原因导致的，同时他刚好是单身，你就说他是单身贵族，那叫什么错误？错把冯京当马凉。

那现在我要论证一下：为什么单身是狗？先澄清，我们不是鄙视那些单身的朋友，我也单身。重点是你要承认自己是不是哪里出了问题，希望有一天你能找到幸福。那为什么单身是狗？很简单，大部分的人单身是被动单身、无奈单身，不是他想要这样，是别人不要他，只能这样。这样的窘境，你还把他形容为贵族的话，先回答一个逻辑问题：什么样的人是人家越不要他，他越高贵？

有时候择偶像什么？像投资买房。有一间房卖了30年都卖不出去，你敢买吗？你会不会觉得那间房子有什么问题？择偶也是同样的，如果你真的选择单身到老，30年单身、40年单身、50年单身，人家就会认为这个人是不是有什么问题。不管他从哪个角度想你的问题，那些问题都不能总结为单身是贵族，肯定是可怜兮兮的狗狗。人们可能会想，他是不是情感处理无能、生活自理无能或者是什么地方无能？反正就无能，所以他是单身。

综上所述，大部分单身都是被迫单身，你就认了吧。我们这些单身狗，想办法纠正自己的问题，希望找到更好的春天。最后我祝各位兄弟，明天就找女朋友，从此不做单身狗！

04

颜如晶
明珠暗投的感觉涌上心头

如果你觉得你跟周围所有的人在一起都是在将就，觉得围绕着你的都是苍蝇，这时候你会不会怀疑自己？否则怎么可能有这么多苍蝇围绕着？

一个单身的人他可以主动单身，他不想找任何伴侣，但是情感总要有寄托，情感没有寄托，也一定要有一个发泄的地方，我就不明白，你不找个伴侣怎么解决？原来是我落后了，原来还有这样的方法，在一起玩过，还是好朋友而已。这种是我们认为的贵族行为吗？这种不就是标准的"不粘锅"行为吗？我吃饱了，但是我擦干净我的嘴，这不是有一点点"狗"的感觉吗？

你当然可以用这样的方法来解决，你当然可以享受这种失败者的方式。但是这时候你还称自己是贵族，我觉得你有点过分。

我们为什么说单身是狗？其实道理很简单，不是说单身有什么不好，单身只有一个"惨"字而已。一定是你有一些优点没有人懂得欣赏，如果有人欣赏早就不是单身了。

就像你是一道菜，比如你是榴莲，榴莲是果王吧！它说我就是水果里面的王，但是每个人都觉得它很臭，没有人想要吃，也没有人尝得出它果王的好的时候，你觉得这个榴莲有没有感觉自己很悲剧？明珠暗投的感觉，一定会涌上心头。但是如果它是鸡肉，它遇到的人都是欣赏它的颜如晶，那么每一只鸡都觉得自己死得很值得。所以，当没有人懂得欣赏你的时候，就是单身最像狗和最悲惨的时候，所以我们才会说单身是狗嘛！

所以我最后要说的是：摆脱单身，找一个会欣赏你的人。

05

马薇薇
我们相逢，
最后我们由"狗"修炼成人而获得自由

人生最大的幸福，是自由。可是，单身最大的坏处就在于他永远是被迫的，而不是主动选择单身。

单身跟独身是有区别的。有没有一种人叫独身主义者？他们是一个人也可以生活得很圆满，他独自的灵魂是完整的，他自己即独立。人需要伴侣，不仅因为身体需要，还因为我们的灵魂需要。我残缺，所以我在人世间如狗般寻觅，我嗅嗅这里，我嗅嗅那里，我在闻那种独属于我的味道，我被这个人赶出去不要紧，我被那个人踢走也不要紧，我流浪在这孤独的尘世，是因为：真爱如狗，这个标准不可改。单身如狗，直到我找到另外一只跟我臭味相投的"狗"。我们相逢，最后我们由"狗"修炼成人而获得自由。

△ **单身是贵族**

01

张哲耀

如果说被迫单身很惨的话，那你有没有想过，被迫结婚的人日子就一定很快活吗

你如果要讲被迫单身很惨的话，那你有没有想过，被迫结婚的人日子就一定很快活？有的时候，你所托非人、遇人不淑，和你的另一半变成一对怨偶，那你生活中的苦难，比起被迫单身，是有过之而无不及的。所以，非自愿的单身跟非自愿的结婚都很苦，可是苦在被逼。

我们今天不应该讨论非自愿被迫选择单身，我们来迎接这个

问题的挑战：什么样的人是会自愿选择单身的呢？修道之人。东方的僧侣、西方的修士，他们都是自愿选择单身。他们有宗教信仰带来的精神寄托，这样的神性之爱可以超越凡尘的七情六欲、男欢女爱，所以他们在精神世界里活得非常充实，富足得像是一个贵族！不像我们，在滚滚红尘之间，苦苦挣扎，人家都还没有笑我们沉溺于情爱，你又怎么好意思说人家是狗呢？

再比如说，不讲出家人，我们讲世俗中人。还有没有俗人是自愿选择单身的呢？有。"匈奴未灭，何以家为。"有的人是本着国家民族的大爱，国家不能够成功的话，他就选择单身。

其实我们普通人交往、结婚，图的是什么呢？图的无非就是传宗接代，养儿防老，有这种心态的人比比皆是，满街都有。它不足为奇，也不足为怪。但是那些自愿单身的人，有的人追求神性之爱，有的人是以天下兴亡为己任，置个人的感情于度外，这才是非常崇高的境界！

当然，也不是说每个人都应该追求这样的境界。可是物以稀为贵，他们能够能人之所不能，特别难能可贵，所以你就不得不承认他们才是真正的贵族。

02

黄豪平
如果你心灵自由，不怕寂寞，你就能够找到自己的一片天空

你在工作的时候老板一直叫你加班，然后叫你去做你不想做的事，这说明什么？你选错了工作，不是选错了状态。你说你的朋友都不理你了，都不陪你了，那正是一个认识新朋友的机会。如果你那个时候不是单身的话，你有可能遇到后面的真命天子吗？不可能。你说单身狗，你是狗你骄傲，你这么正面健康的心态，其实你心里面是个贵族。就像我们称呼自己的儿子叫犬子，我们也不是说他真的是条狗啊！不是真的在骂他，这是一种谦虚的讲法。

有这样一种状况：一个男生有了伴侣之后，他把自己的姿态放得跟狗一样低来侍奉自己的伴侣。比如我，女朋友叫我往东，我不敢往西；叫我跪，我不敢坐；叫我坐着，我不敢跷脚；叫我听披头士，我不敢听五月天。非单身的人，他也有看起来像一只狗的时候。所以，你要说单身是狗的话，非单身人士也有可能像只狗啊！

所以别比惨，来比好的。单身为什么是贵族？贵族是什么？就是有权力的人，有主导权的人。你们有了伴侣之后，你们对人生的主导权是多了还是少了？少了嘛！其实交往就是一个把主导权拿去交易有伴侣的快乐的行为。单身为什么是贵族？因为他对人生有绝对的主导权。我当了24年的单身贵族，24岁之前我没有交过女朋友，过去24年来，我唯一一个两性关系上面的烦恼就是我想脱离单身。但是脱离单身之后，烦恼变多了：我要怎么样逗女朋友开心？我要怎么逗女朋友快乐？你将人生的主导权拱手让人！

　　再来，你的经济主导权也没了！单身的时候你挣钱是为了自己，你赚的钱你自己可以享用，你可以出去旅行，很开心。但是你有伴侣、小孩之后，你就要奉养他们了。你在包尿布的时候，我已经订了机票准备到夏威夷去，你说我是孤单寂寞会觉得冷，我告诉你，夏威夷热死了，那边有很多单身的人跟着我一起准备开派对。

　　其实你如果心灵不自由，即使有伴侣，你坐拥金山银山，也只能吃狗食肉干。但是如果你心灵自由，不怕寂寞，你就能够找到自己的一片天空，因为你就是单身贵族！

03

李挺
如果你不是失败者了，世界上所有的温柔今天你都可以得到

问大家几个问题：王思聪单身的时候是单身狗吗？吴彦祖单身的时候是单身狗吗？周杰伦没结婚之前是不是单身？是单身吧！单身狗你敢说吗？不敢！你唯一能说的是谁？是我。

所以，我发现单身狗这件事情，根本不是在说那些单身的人，而是在说我，为什么要说我？因为我是失败者。

失败者做任何事情都像只狗一样，失败者在单身的时候当然是个单身狗啦！失败者如果谈了恋爱，有了对象就不是狗了吗？你只不过加了条狗链而已，后面是老婆和老婆她妈牵着你。所以说单身和非单身都是狗，没有差别。

你上班突然变成加班狗，你读书变成论文狗，你老了就会变成一个老狗。这种狗是不分品种的，所以你千万要明白一件很重要的事情：你是不是一只狗，这件事情绝对不由你是否单身决定，而是因为你活得像只狗。

如果你不是一个失败者了，你会突然发现那些自由、尊严，莫名其妙就直接到你手中了。如果你才华多得跟周杰伦一样，长得跟吴彦祖一样帅，跟王思聪一样有钱，单身只会成为你的加分项。

所以说，决定你是不是狗的，绝对不可能是你单不单身，问题在于你是不是失败者。如果你不是失败者了，世界上所有的温柔，今天你都可以得到。

04

肖骁
很多人单身是因为不想将就

很多人单身是因为不想将就，如果我劝我单身的朋友，我不会告诉他："亲爱的，你要相信总有一天有一个人会穿越拥挤的人潮，走到你面前，牵着你的手，这个人你要等。"而我会告诉他："亲爱的，你单身并不是因为你条件差，你要相信总有一个条件比你更差的人愿意跟你在一起，你仅仅是因为要求高。"今天说我们是贵族，并不是因为我们生下来就是皇亲贵胄，我们自己的条件得天独厚，而仅仅因为我们有属于自己的一套选择伴侣的贵族标准。

所以道理很简单，你要找一个人在一起，摆脱单身是一件非常容易的事情，但是如果你要找到一个你愿意和他相伴到老的人，那才是真的难！

我好像在《奇葩说》的节目里从来没有讲过自己的感情故事。今天在我们现场有一个女生，她曾经非常疯狂地追求过我，一度给我造成非常严重的困扰。这个女生，她的名字叫大王。我先跟大家解释一下她跟我的关系：她是我大学时期的学妹，因为我大学时期在一次"12·9"的合唱晚会上，我当时真的是风华绝代，在全校引起了轰动，夺得了那一次的一等奖，结果她就对我一见倾心，穷追不舍。

我要告诉大家我上大学的目的，我就是要好好学习，就是想为我们国家的播音主持事业贡献自己微薄的力量，所以我就不想分心。

大王一直骚扰我，而且对我穷追不舍，还给我写信，每天拿着我最爱吃的泡椒凤爪在我上课的楼等我。我觉得作为一个男生，又是师兄，我真的不能耽误她。我当时就拉着她的手，告诉她："大王啊，你要相信你这辈子都不可能遇到比我更好的人了，但是我觉得我对你来说真的有点太好了。"

我要告诉大家的是：大王找我就是因为她有一个贵族标准！每天她都在试图高攀我，而我拒绝她也正是因为我有一套贵族标准，每天我都不想将就，不想跟她在一起。我们两个没有在一起，就是因为我们内心深处都相信我们是单身贵族，我们都值得更好的人。

什么叫真爱？真爱就是有一天我遇到了那个人，我愿意放弃我的贵族标准。有多少女生小的时候，希望长大有一个王子骑着白马来接她，又有多少女生长大了之后告诉大家"我宁愿坐在宝马里哭"，但是这些女生当中又有多少人最后被一个穿着彪马的男人牵着手走了。

我要告诉大家，我的观点是：单身不是狗，真爱才是狗。为什么？真正的童话故事不是王子遇见公主之后过着幸福的生活，而是一个平庸的我，遇见一个平庸的你，我们愿意放下幻想，放弃标准，做一对相互依偎的狗，因为此刻我们只愿意对彼此忠诚。

导师｜蔡康永

有人愿意单身，我们不应该污蔑他们是狗

（内容来源：《奇葩说》第三季第一期）

　　我对于贵族的印象，是我读过张爱玲写的一篇文章，她说那个老爷子是贵族啊，没落了，没落到家里都没钱了，然后他太太为了让餐桌上有几块肉，费尽苦心，把珠宝给当了，才能够买几块肉回来。吃晚饭的时候，桌上有一点肉，老爷子的贵族脾气不改，这时家里的狗走过来，他立刻把盘子里的肉丢到地上去喂了狗。他没有钱了，可还是维持贵族的习性！

　　在现在这个时代，聊贵族是很荒谬的事情，追溯到英国女王的时代，对我们来讲已经是遥不可及的事了。所以，我倒是愿意跟大家讲一下在我们现在这个时代，当我们说一个人是贵族的时候是什么意思。

　　贵族就是特别不负责任，是社会既得利益阶级，他的爵位是世袭的，他哪要对他的佃农负责？他哪要对他旗下的战士或者农民负责？贵族不负责的占99%啊！

　　所以当我们现在讲一个人是贵族的时候，我们讲的是什么事

情？我们大概讲的是这个人既不实际，又不负责任，还任性，这几个特质绝对不会出现在结了婚的人身上，这几个特质就出现在单身的人身上。

你今天如果问我说单身好不好，我还真不能回答你。可是你今天如果问我说单身是狗还是贵族，那我觉得单身比较靠近贵族那一边。

我要讲的第二个部分是我在网络上写了这么多文字，我从来没有用过"狗"这个字，我不喜欢这个词，我就不用。

不管你们刚刚说的这个人单身是自愿还是非自愿，我没有数据，我没有办法回答你一个人单身是自愿还是非自愿，可是我认为当我称一个单身的人为单身贵族的时候，我觉得他会把自己的人生搞得好一点。可是当一个人迫不得已单身的时候，我还说他是狗，他的人生会更糟。所以站在这个立场上，我从来都不愿意让《奇葩说》变成一个遵循权威发言的地方。我们怎么可以公然宣称有伴侣才是一个好的人生，而单身是一个残缺的人生？我当然不可能鼓吹这样的价值观。我不站在这个队，我也不会同意这个价值观。

所以你要替那些不得已单身或者选择单身的人想，他们作了勇敢的选择，那你尊重他们的选择，不需要很任性地践踏他们说："你们都是狗啊！"何苦如此？他们是有不得已的原因才变成这样。

在《奇葩说》，我特别在意多元价值的建立，就是有人愿意单身，我们不应该污蔑他们是狗。

"剩男剩女"找对象，该不该"差不多得了"

◯ 该"差不多得了"

01

艾力

如果一上来就要求对方是完美的，
我们肯定没有办法迈开那一步

　　我当年参加《奇葩说》第一季的时候，海选时，马东老师问我为啥来，我回答了四个字"改变世界"。康永哥问我怎么改变，我说我想改变大家对其他人的成见，我想撕掉一些标签。"剩男剩女"就是一个最大的标签。

　　这个标签愚蠢到连一个统一的标准都没有，你不知道多大年龄的人算剩男剩女。我问了《奇葩说》剧组里面两个 1995 年出生的编导，他们斩钉截铁地告诉我，1993 年以前出生的单身者都属于"剩男剩女"。我特别生气，然后我在网上又看到很多更让我生气的说法：1988 年的中年妇女，九〇后空巢老人。所以我完全可以理解现场七十多位朋友一开始反对这个观点，我也超级反对，我今天绝对不会说剩男剩女找对象"差不多得了"，但我还是要辩呀！所以接下来我想证明的是只要是个人，不管他是剩男剩女、熟男熟女，只要他想找对象，我们都要"差不多得了"。

第一点大家都懂，很简单，完美主义害死人嘛！如果你做任何一件事都要求完美，最可怕的不是它不一定实现，而是你无法开始。我们大部分的拖延症就是由完美主义导致的。谈恋爱也是一样，我们如果一上来就要求对方是完美的，我们肯定没有办法迈开那一步，我们会害怕这件事情，最后就非常可惜。

今天为什么那么多人还是觉得"差不多"很难受呢？其实不是差不多的程度出了问题，是差不多的角度出了问题。我们之所以反感，是因为往往我们和某个人交往，都是第三方告诉你和他"差不多得了"，比如你的七大姑八大姨说你跟那个小王"差不多得了"，这个时候很难受，对吗？但其实你知道你和小王是差很多。比如浠浠姐是属于感情特别饱满、能表达的人，但我是属于一天都要活成 34 枚金币，一年要把 8760 小时活出 87 000 种可能的人，所以我们俩差得真的很远。如果今天有一个你自己觉得差不多的人出现，你能不能给那一份感情一个机会，不要让完美主义把这感情扼杀在襁褓里？

我希望的是，将来有一天，如果你遇到一个你自己觉得差不多的人，你可以给那个差强人意的爱情的种子一个机会，说不定那颗种子能让你幸福和美满，有一个更加美好的前程。

02

刘楠

你现在以这个80分的人把目前的问题解决，你就可以好好地享受后面的人生

今天这个题目里面我们得讨论一下"剩男剩女"的界定。什么叫"剩男剩女"？就是你自己都有点哀怨了，"我怎么还找不着呢？"自己都有点着急了。凡是你自己单身很快乐，你根本就不想找，你也不着急找的，一概不算。只要你理直气壮，你就不是"剩男剩女"。

我想讲的第二个词是"差不多"。差不多是什么意思？就是两个人他们的合适程度已经有了80分、85分了，这种情况下，我们是得了，还是算了？得了就是往前走一步，算了就是停在原地。

那我们想一想"差不多"那个"差"的那点，是差在哪儿了？那 20 分扣在哪儿了？那 20 分是什么？

我听说现在女生找对象有一个很客观的标准，因为全是数字，数字够客观了吧，叫什么 180、180，后面的单位分别是平方米、厘米。但实际没有任何科学证据表明，你真找了个 130 的人，你就不能过日子了吗？

既然能过日子，就说明哪怕是数字的客观标准，它实际还是主观的。既然标准是主观的，它就一定是变化的，这个标准会变。很多比我年轻的人，你们现在找对象的时候，很少有人会把"习惯性早起"这一条放在特别靠前的位置吧？但是当你结了婚生了孩子，你孩子还上学的时候，你会发现这条超重要，因为谁早起谁送孩子。所以那 20 分一直都是变化的。

随着时间的流逝，我们每个人都会变，我们总会在我们的标准里加一些东西，我们也会拿掉一些东西。既然它是变化的，我们就不要被它绑架，让它煎熬我们。

其实我挺享受"差不多得了"这几个字，把它理解成"其实挺好"这种想法其实挺好，因为它让我看中那 80 分，而不是老把目光盯在那 20 分上。想想也奇怪，我们这些人在大学考高等数学的时候，考到 80 分都很厉害了，怎么找起对象来 80 分就不行了呢？

我们最后讲一个词叫"得了"。"得了"其实就是一种鼓励。鼓励你往前走一步，不要停留在选择的纠结环节，进入磨合的相处环节。两性关系最关键的就是一个"how"字，如何相处。相处是很关键的。如果我们把挑对象的精力放在处对象上，可能很多感情都会有更好的结局。而且那 20 分可能就是在这么相处中磨合出来的。

最后我想讲一点，听起来很老土，但真的是我的一个真诚的人生感受。作为一个中年女性，我特别想鼓励大家往前走一步，为什么？因为我发现，你后面的人生可精彩了！

我讲个通俗的例子。大家打游戏，这第五关你打到 60 分就通关了呀，你老想打 100 分，老想打 98 分，你都打了 80 分了，你还故意不通关，你就老打第五关，后面还有 95 关呢，主线任务都没出来呢，最强的敌人都没出来！

所以现在以 80 分把目前的问题解决了，你就可以好好享受后面的人生。

03

姜思达

其实我们的恋爱，到最后都是变成一个很好的"差不多"

这个辩题呢，不是"剩男剩女"该不该抓紧找对象，而是"剩男剩女"想找对象该不该"差不多得了"。今天有一群"剩男剩女"，他们不想找对象，他们是单身主义，没关系，你可以不看这道辩题。

我们要讨论的是有一群人是单身，但是他们没办法享受单身主义，对不对？他们要怎么办是今天我们要讨论的辩题。

"剩男剩女"觉得自己命运自有安排，是不是？昨天没有，今天没有，明天一定有的。朋友们你们这么信命，单身这么长时间，你命啥样不是明摆着的吗？运气是要转的，你一直等着幸福来敲门好几十年了，幸福不来敲门，是不是你家住得太偏远了呀？你家不是幸福找不到，就连快递也找不到。等待之后是否一定能够有好的结局？也许有可能这一辈子就是破罐子破摔。

第二，我今天再聊聊"差不多"这个词。它是一个坏词吗？

我觉得"差不多"是一个好词，而且是一个特别好的词。当我们今天讨论"剩男剩女"的时候，差不多的人站在他的面前意味着他有选择，差不多的人没出现意味着他没选择。今天差不多的人出现为什么是好事？我们想一下"剩男剩女"是什么概念？平时一个人放眼望去，全都是差太多的人。今天突然间有个小人冒出来了，他是差不多的人，这不是件好事吗？它什么时候成了一件坏事呢？

另外，为什么"差不多得了"是一个特别好的状态？我们想一下日常的生活，恋爱是怎么谈的？其实我们的恋爱到最后都是变成一个很好的"差不多"。我举一个例子，我们平时选对象要先约会。约会见一面就两个选择：有眼缘和没眼缘。没眼缘的直接忽略，连差不多都算不上，剩下的我们再约会。约会的过程当中，我们就会考虑之前的种种预设在他身上合不合适。可是这时候问题就暴露出来了，我们发现了一些之前从来都没有设想过的毛病，但是到最后很多人没有扛住。"差不多"这一关很多人差太多，所以约会过后和他们散了都不可惜。而约会过后你和一个经历了种种考验、你排了层层的雷后发现差不多的人散了，可不可惜？

所以我觉得这是一个很好的时机。我特别怕你在结婚之前，在这一个人生关口，你选择一个你觉得非常完美的人，这个才可怕呢。因为这意味着你在婚姻之后一定会在某一个点发现对方

"差不多"，而那时候也许你没法忍受，也许你发现差太多。那个时候怎么办呢？现在发现"差不多"，不是两个人的一种彼此坦诚吗？我觉得这样的差不多太好了！

最后一点，有的时候别人告诉你单身可以很快乐，我觉得没问题，你的生活可以很快乐。但是单身到底苦不苦，你想不想改变这样的现状只有你自己知道。这跟别人鼓吹什么价值观没有关系，只有你自己知道。而当你自己知道自己很苦的时候，我建议你放过自己。有的时候我们不愿意将就是有一种我执，而越这样越觉得全世界对不起自己，为什么我就找不到更好的人？甚至我们会把埋怨的矛头放在那个还没有出现的人身上，我们会质问："你怎么出现得这么晚？"为什么越单身，我们越和这个世界互相充满敌意呢？

所以我只想告诉大家，"差不多"不是一个坏选择，"差不多"很好，有的时候你的"差不多"是一种惊喜！

我特别不同意你告诉一个人"你是个差不多的人"，他会特受伤，我就不会这样。我谈恋爱呢，我问他说咱俩在一起之前，你觉得你下一任理想的伴侣是什么样的？他给我两点底线要求：第一，不能比他小；第二，不能抽烟。这两点我都没满足，我没满足他的预设。但是当他说出这两点的时候，大家觉得我是失望的吗？不，我超开心，因为这两点预设由于我的出现而被打破，我哪怕是他曾经觉得可能是差不多的那个人，而现在我就是那个人。

我们愿意放下判断"差不多"的这个选项，只是因为我们想放宽眼界。也许这个人刚好就是你的选择。所以放下我执，而选择拥抱你特别特别可能获得幸福的一段生活。

导师结辩

导师 | 罗振宇

所有的选择都有代价，所有的选择都必须放弃一些另外的东西

（内容来源：《奇葩说》第四季第十七期）

这个辩题当中有一个词其实比较怪，我觉得大家都在躲这个词，把找对象这个词换成了找伴侣、找爱人，大家都不想回到"找对象"这个词。不觉得这个词有点陌生吗？我们在场的绝大部分人不会用这个词。找对象，这听起来好像特别民俗。

我觉得这个词有两层含义：第一层，它是一个试探性的找对象，没让你把他领回家，结婚领证过一辈子，没有这层意思，找对象而已；第二层，找对象和等待恋爱、等待爱人不一样，它带有强烈的世俗目的感。我们应该尊重这种世俗目的，绝大多数人和我们今天女神想的一样，这辈子总要结婚，这是

一件事。这事非常重大，我很谨慎。所以我觉得所有辩论是围绕一个维度在展开，就是挑剔还是将就。但其实还有一个维度，就是等待还是行动。

人生是由什么构成的？是由一系列的选择构成的。所有的选择都有代价，所有的选择都必须放弃一些另外的东西。在早餐铺子门口，我们今天吃韭菜馅包子还是茴香馅包子都得选半天，最后也是差不多就得了。没有任何选择本质上是绝对完美的。

曾经有一段时间，我在上厕所之前挑带进厕所的书时，非常纠结，有时候挑书的时间比上厕所的时间还长。后来有了手机，这个问题就解决了。人生就是到最后关头，你就妥协，所有都是由选择构成的，但凡是一件事儿就必须这样做。

前一阵我去上了湖畔大学，曾鸣教授教战略，他讲企业做战略由三个部分构成：第一部分技术，必然有规律去试图把握它；第二部分艺术，必然有创造性，没有什么规律，各自看天分，看禀赋；但是还有第三部分，这是我闻所未闻的一部分——手艺。手艺是什么？去做，这是手艺的核心。日复一日，年复一年，让那些规律、认知、想法、知识、信息穿过你的身体再表达出来，这叫手艺。

手艺的特点是什么？就是不去想我是不是完美的。有人想写一篇文章，会觉得我这样的人得写得多么惊世骇俗，三天过去一个字没写，天天在那儿磨刀。辩论也是一样，有人就会觉得我应该怎样，我在场上应该发挥成怎样。最好的方法是找一面镜子张嘴说。

一件工作不知道怎么做，不需要完美，随便找一个由头开始，这叫手艺。为什么要有手艺？不是说"学成文武艺，货与帝王家"，可以终身有依靠。成为一个有手艺的人，才能知道自己和世界的边界。就像各位辩手，像姜思达，看他的辩论是一种享受，难道只是因为他口才好吗？不，是他的认知穿过了他的身体，表达出了他跟世界的边界。他在表达的时候是形成强烈的自我认知的，这是手艺的好处。

所以不管我们心中有多少标准，当你成为一个能行动的人，一个手艺人，一个强烈希望知道自己和世界边界的人，行动是最重要的。而行动就是选择，选择就是放弃某些东西，付出某些代价，差不多就行了，但是结果可未必真的是差不多就行了。

每一个手艺人都知道，有一种东西在体内循环，有一种进步在慢慢地积累，有一种召唤在前面，难道婚姻不是这样吗？难道婚姻真的是你拿尺子量一个人，然后领回家吗？不是。就像一个空杯子，眼缘不错，你往里面放一滴水，我往里面放一滴水，放着放着它就满了。婚姻是什么？手艺活儿，去行动。

不该"差不多得了"

01

蔡聪
我对我的婚姻有想象

提到"剩男剩女",我本身对这个词非常反感,因为我就是一个"剩男"。我10岁的时候就被加入了剩男的行列,因为我是从10岁的时候看不见的。不知道为什么,从什么时候起周围的所有人都会来关心我,说你看不见了,将来找老婆是个问题呀,所以经常有很多很好的朋友还有亲戚都会来我家里,给我出主意说,要不你将来找一个家里穷一点的,条件差点的。

终于有一天我鼓起勇气,跟我的朋友说:"其实我确实对婚姻很向往，但正是因为我向往这件事情，所以我对它有要求，我对我的婚姻有想象。我希望我将来的另一半可能性格比较好，跟我聊得来；可能做饭做得比较好吃，还喜欢孩子；可能她还爱读书。"我说了一些，然后我朋友受不了了，他跟我说："你也不看看你自己是什么样子，你都看不见了，你还有这么多要求挑来挑去，你这不就是癞蛤蟆想吃天鹅肉吗？"

我听他这么一说，就想，就算我是癞蛤蟆那又能怎么样？是谁规定说癞蛤蟆就不可以想吃天鹅肉呢？是谁说癞蛤蟆就一定吃不到天鹅肉呢？其实这个世界还是挺美好的，我没有觉得我自己是一只癞蛤蟆。

我"剩男"剩了20年，但是我找到了自己想要的那种美好。我知道大家在劝我的时候说找对象差不多就得了，是为了我好，我能理解这一点。可是这种劝的方法，让我"差不多就得了"的这种方法，其实是让我变得更加黑暗，让我变得更加自卑，让我对这个世界失去信心。我相信这是每一位为了我好的人不愿意看到的。那么我们为什么要去劝说"剩男剩女"找对象差不多就得了？

第二点其实可能更重要。我就是个癞蛤蟆，没关系我接受。可是在这个关系里面还有一个人，就是被我降低标准去选择的人，她其实受到了伤害。大家说"差不多就得了"，那我找一个愿意嫁给我的、愿意照顾我的人，她视力可能很好，她可能家里很穷，都没关系。但是想想我跟她两个人生活在一起的时候，我会把我们之间的关系当成一种伴侣的关系吗？我想来想去，总觉得我跟她像是签了一个无固定合同的终身保姆和客户的关系。我会努力，我会和她一起去做饭，但是可能我不会在她做饭的时候悄悄走到她的背后给她一个拥抱。可能她回来的时候，我也会去给她开门，但是我可能不会拿拖鞋给她，也不会把她脱下的鞋子拿到鞋架上摆正。如果你是那个我降低了标准选的人，你知道了这些，你感受到了这些，你的内心会怎么想？

我选择了你，不是因为我的眼里有你，不是因为我喜欢你，只是因为那是一个我讨厌我自己的选择。世界上没有任何一件其他的事情比这个更伤人了。

02

范湉湉
活出自己的精彩，
宁愿孤独至死也不可以轻易苟合

我们回到现实的生活当中来，让我告诉你们定义。不用"剩女"这两个字，用什么呢——大龄未婚女青年——来跟大家唠唠心事。其实用这个词来形容我的时候，我一点也不生气，真正让我们这种大龄未婚女青年伤心的点来自何方？就像有人用这种温柔的眼光，用同情的眼神，说："涃涃啊，看你，哪儿哪儿都挺好的，是不是？你看你差不多就得了。"这个时候我们还不能解释，我说："哎，不是的，我就觉得现在这个状况吧，我一个人挺好的。""涃，我觉得你是装坚强，你是伪装自己的内心，你不是真正的快乐。"这话我们常听到，是不是？像我们这样的大龄未婚女青年，有自己的日程安排，有自己内心的小次序。我们的时间标准，我们的时间表格由我们自己定。

觉得我们这种人特别可怜的人，他会告诉你，你无论如何成功，只要你没有男人就可怜，因为你的人生不完整。所以这些人天生就觉得一个人出生以后，需要寻找另外一半，寻找另外一半来让你变得完整。他觉得我们这样的人生非常残缺，可是我觉得他才是残缺的，是不是？他在精神上残缺。我范涃涃生下来就是个非常完整、健康，又有独立人格的独立女性。所以找对象这事儿不是必选题，它是一道加分题。

像我们这样独立自主的女性拼事业这么认真，活生生活成了你们眼中的"剩女"，你说我们是为了什么在这么拼命呢？攀比。

我们努力和奋斗的目标，就是为了要跟小姐妹攀比。这么努力地活到了今天，你让我差不多就得了，我觉得就算我拥有了全世界，可是我输了男人，晚节不保，穿得再漂亮有什么用？！我这个人可以变老变胖变丑，可是我不能够忍受我的对象拿不出手。再说了，我好不容易事业有成，大家仔细想一想，现在来了个差不多先生，你让我差不多就得了，那我的军功章是不是还要分他一半？一个差不多先生莫名其妙跳出来之后，他就可以坐拥江山和美人，你说他凭什么呀？

在我们非常着急的情况下，这对自己、对婚姻是一种非常不负责任的行为。像我们这样的人才是真正尊重婚姻和尊重爱情的人。我的婚姻观是一生一世一双人，我希望我结婚了以后永远不要离婚，我只跟这个人白头到老，特别谨慎，所以我对他特别尊重。我希望这个人不是差不多，我不希望他满分，我不给我的伴侣打分，他就是那样的一个人。我性格比较强悍，所以我希望我的对象成为这个世界上特殊的一个，他能看到我最最温柔的一面。没有谁配不上谁，只是因为他不是那个可以让我依赖的人，他可能不能够帮我挡风遮雨，他不能够这么强悍地告诉我说："来，宝宝，我安慰你，没事啊，在《奇葩说》节目里说得不好有啥关系，咱家里给你私人办一个。"

大家看到我的时候，觉得我特别凶悍，但是我希望我的爱人看到我觉得像雾像雨又像风，我就是他的女皇。别人觉得我像母老虎一样凶，但他眼中的我娇俏可爱。这个东西没有分数的，这个叫什么？叫般配，叫感觉，咱们都不提爱情这么俗的字眼，只要对了……就是对了，你也不知道为什么他就是对了。我特别想找李逵，你硬塞我一个李鬼；我娶不到西施，你就要硬塞给我一个东施……你觉得日子能这样凑合吗？这就是对自己严重的不负责任，是不是？

最后，"差不多"先生都没有一种叫气节的东西。做人怎么可以没有气节？气节是什么？第一，不畏天命。老天爷告诉你，就算子宫等不了，你也不能害怕它。第二，不畏小人，小人就是对面那一群坐在旁边放小话的人，自己特别幸福，就对你说"哎哟，差不多得了"，"哎哟，没有男人老吓人的"。第三，不要着急，不畏圣人言。不畏惧古训，要有气节。

活出自己的精彩，宁愿孤独至死也不可以轻易苟合，以后不要叫我们"剩女"，要叫我们大龄未婚女青年。

03

胡渐彪
一个人孤独终老很可怕，但是更可怕的是两个人一起孤独终老

我应该是典型的"剩男"了，再过几个月就要度过我单身的40岁生日了。

我觉得思达最大的问题是他不了解我们这些"剩男剩女"，

他不懂我们内心到底坚持的那个"决不愿意差不多得了"的标准是什么。我之所以单到今天，我一定有一个内心很不愿意割舍的标准，当你说要不要"差不多得了"，是在跟你内心坚持这么多年的一个标准在对话。这个标准会是什么？通常不是他抽不抽烟，他喝不喝酒，他是不是高富帅，那是二十多岁的人心中会想的，"剩男剩女"心中坚持单着的原因，不是这个标准。我们心中最在乎的标准其实是什么？我之所以剩下来，也许是因为我过去有一些自己的人生经历，我坚持的标准是我需要有一个能够真正包容我过去这些经历的人。

谁没傻过呢？但是也可能是因为我们性格的某些特点，我们需要有一个人能够真正由衷地接受和懂我们，这是我们这些单身的人所坚持的，"剩男剩女"心中那个放不下的标准是什么？是找到一个聊得来的伴。

这才是我们心中坚持的。走到最后你内心最恐惧的是什么？你最恐惧的其实是一个人孤独终老。一个人孤独终老可怕吗？很可怕。但是更可怕的是两个人一起孤独终老。我们时常听人说，少年夫妻老来伴，中年夫妻怎么办？你没有见过那些中年夫妻是这样子的吗？你好不容易找来一个伴，男的每天下班，他不愿意尽早回家，他宁愿在外面逛；女的自己在家没事干，养成了追看韩剧的习惯。他们不孤独吗？你"差不多得了"，你解决了你的孤独吗？你只不过是把一人份的孤独培养成两人份的孤独。

你也许"差不多得了"，你找来一个人，你不再独自一人，但是你会孤独，这是比一个人孤独更可怕的一种情况，叫貌合神离、同床异梦，这就是两人份的孤独。

当你是这个"剩男剩女"，你知道你心中对这个标准有多坚持的时候，一旦你放下这个标准接纳了对方，你真的会愿意和他在接下来的日子里培养爱意吗？家里买家具，比如说买一张睡床，你会不会说"差不多得了"？你不会。你会躺躺，试试它舒服不舒服，因为你知道你每晚上床入睡的时候，床如果不舒服会让你彻夜难眠。你连一张床都不愿意"差不多得了"，那你把你的伴侣看得比一张床还不如？

如果这张床你觉得"差不多得了"，可能因为经济能力问题，可能因为碰不上满意的，就随便买一张带回家里，你会怎么对它？你不会用心对它的，因为那是将就得来的。如果它是你用心、毫不放松讲究得来的，那么你会不忍心让它蒙尘，你会每天想办法擦拭，你会不忍心看到它被撞出一个口子来，因为你会心疼。但是如果那是差不多买来的一张床，你会怎样？有一天你看到一张更舒服、更贴近你要求的床，你会赶紧把它给换掉，因为一个房间只容得下一张床。

大家似乎认为单身的人很可怕、很可怜。不是的，我单身我会自怨自艾吗？我会不幸福吗？不，是我内心还憧憬一个更幸福的状态。每个人说我单身自由自在，当看到两个真正有默契的人在一起的时候，我想你和我一样都会歆羡，如果我也这样那多好。单身只不过代表我现在的幸福不是最幸福的状态，但是我生命无缺。我坚持这个标准虽然会让我没有办法过得更幸福，但是起码我不会害自己也害别人。

它还给我一个最重要的好处，当我怀揣着我坚持的这个标准的时候，也许有一天我在街上碰到一个女孩，我会不自禁地问自己：是她吗？这个我将它叫作憧憬，叫作希望，这是最值钱的。

04

肖骁
有人让你接受它，它否定的不是你的单身，否定的不是你的爱情，而是你的人生

如果我遇到一个人，我为他放弃了我的标准，找了一个秃顶还有肚腩的人，可能大家看上去觉得我真的找了一个差不多的男人，他在你们眼中很差，对我来说却是不可多得的礼物啊！所以大家一直强调的是外人眼中的"差不多得了"。你爱一个人你怎么会介意别人的眼光？

大家一直试图去界定什么叫作"剩男剩女"，但我觉得"剩

男剩女"要界定很简单——感觉。你什么时候会觉得自己是一个"剩男剩女"？你周围的朋友、同事都结婚了，你发现在你的社交圈里只有你"剩"下来了，这个时候你发现自己好像是个"剩女"了，是个"剩男"了。你不会某一天早上突然惊醒说我年纪这么大了，我是"剩男剩女"。一定是有人影响你。

那这个时候你为什么会想要找一个"差不多得了"的伴侣呢？我想到一个理由：为了合群。你可能只是为了融入大家，你可能只是希望在辩论场上听到对面秀恩爱的时候，你自己不至于那么苦。

但是当你找了一个貌似合得来的人，你可能结束了短暂的单身，但你开始了两个人长久的苟且，真的值吗？

爱情有方法论吗？爱情有固定解答吗？马薇薇他们出了《好好说话》，出了《小学问》，你问他们敢不敢出一本《小爱情》，教你怎么谈恋爱，教你怎么去控制爱情，他们敢吗？

爱情这个千古谜题从来都没有人能够替你解答。所以说如果你作为我的同桌，你问我这道题要怎么解，我除了告诉你努力，我有别的方法吗？没有别的办法，因为我也不会呀。

所以"剩男剩女"和"差不多得了"，你可以接受这两个词，但是当它们出现在同一个句子里的时候，有人让你接受它，它否定的不是你单身的状态，否定的不是你的爱情，而是你的人生。他不是觉得你的爱情"差不多得了"，他是觉得你这辈子也就这样了。

导师结辩

导师 | 张泉灵

在婚姻中会更多地看到减分项

（内容来源：《奇葩说》第四季第十七期）

罗胖说他老婆找他的时候应该就是"差不多得了"，因为他老婆也有三条标准：瘦；不抽烟；不戴眼镜。最后她找了罗胖，所以你想，他老婆是"差不多得了"。他老婆一定是发现了罗胖身上有一些巨大的优点，可以让她抛弃她原来的标准。

不是说我们是一群特别挑剔的人，我们一定要98分，不能接受80分。在爱情上，我相信没有那么多的打分标准，但是每个人一定有自己不能放弃的那个标准。比如瘦，不抽烟，不戴眼镜，这也许是罗胖的妻子完全可以放弃的标准，那部分可以"差不多得了"，但是我们的内心还有特别坚持的不能"差不多"的标准。

每个人在这个标准上都不一样，大家说没有方法论，我们的标准都不一样怎么讨论呢？我试图去找一个也许我们每个人可以取得共识的可能性，我找到了一个似乎非常相似的标准，这个标准是假定你决定要生一个孩子，你能接受你的孩子有你另一半身上所有的缺点的时候，你就可以结婚了。为什么呢？是因为有一道很简单的算术题，大家多少都有过恋爱经历，你们跟那个人相处之后，是加分项变多了，还是减分项变多了？大多数情况是减分项变多了。你一开始看到的都是他最好的那一面，结婚之后偶尔会有惊喜，偶尔会有相濡以沫的那种舒服感。但是你一定是更多地看到了减分项。

我跟我爱人的感情非常好，但是不瞒你说，每隔一个星期我还是有强烈的把他踹出去的想法，我觉得这可能是婚姻的一个常态。假定减分项一定会变多，如果你一开始的选择是因为你是个"剩男剩女"而不得已说"差不多得了"，请问你有什么样的力量支撑你去度过那些你想把他踹出去的时点呢？所以在那个点上你不能"差不多得了"。

因此我一直的观点是，门槛外头千万不要"差不多得了"。你有个孩子有他的毛病，你能够接受，你再跨过那个门槛。而跨过门槛之后，很多的时候相处是"差不多得了"。

想想我们是什么时候让自己"差不多得了"？我们到底为了什么？这个问题核心还在于我们到底为了什么结婚。很多人找我给介绍对象的时候，他可能会这么说："是父母压力，老被问。"有的人会说："哎呀，就是看看身边的人都结婚了，觉得自己也得有个伴。"有的时候可能是偶尔生一场病，你突然觉得自己不能总是这样。但是回到一个方法论，问自己一个问题：你结婚是为了取悦自己，还是取悦别人？只要这个答案是为了别人，为了父母，为了朋友的关注，为了周围人的评价，那把你的脚收回来，我不同意"差不多得了"。

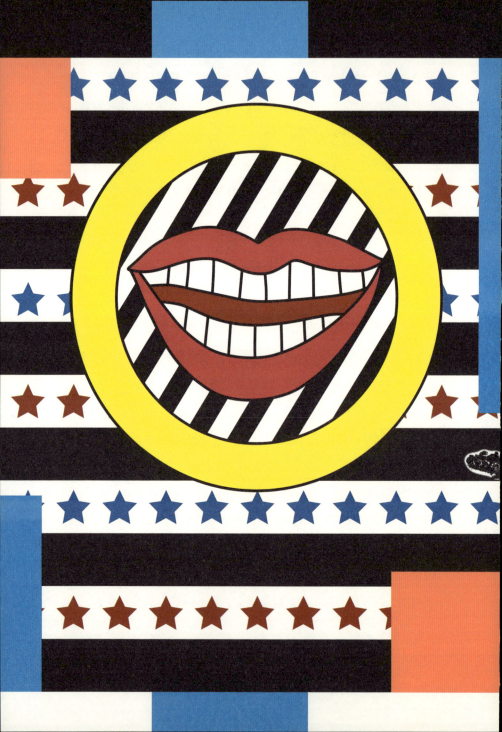

爱你的人
和你爱的
人，你会
选择谁

◯ 选你爱的人

01

艾力
<mark>选择爱你的人，是一种偷懒</mark>

我先把辩题稍微固定一下，我们今天说的是：你爱的人和爱你的人选哪一个？我们不说两边都爱，如果两边都爱的话，就没的说了。

所以说，我们讲的是两种程度上的单相思。要选择你爱的人。当然很多人说这很痛苦，你去爱那个人，那个人不爱你，你朝思暮想，各种痛苦。但我觉得再大的痛苦也比不上遗憾。午夜梦回，枕边人不是心上人，心上人已是梦中人，这种遗憾是最大的痛苦。这个时候你只能一声叹息，然后转过身去，夹着被子继续睡，真的非常难受。当你全身心地爱一个人，感受到那种真正活着的感觉，这就是爱情给我们最大的回报。而对方能给我们多少回报，其实已经不重要了。如果你选择他爱你但你不怎么爱他的人，一辈子幸福都给他，这其实不是爱了，这是一种懒。

当然有人说去爱你爱的人太痛苦了，最后爱到"爱得失去自由，爱得没有保留"，爱到心中着了火，会很难受。但我认为，你把这种痛苦转化一下，其实这是一种成长，你可以在痛苦当中获得很多成长。历史上有很多伟大的作品，无论是音乐，还是学术、绘画，都是那些追求爱的人留下来的结晶。而如果你只凑合找一个爱你的人的话，很多时候就失去了意义。

鼓起勇气追那个你爱的人，要么你最终追上了他，要么你留下了绝世作品，让他后悔去，将来他过来找你，就跟他说："玩去！"

02

范湉湉
掌握主动权和控制权

爱一个人是这个世界上最幸福的事情。爱情是个战场，不是你死，就是我活。

所以第一件要掌握的事是什么？是主动权和控制权。你觉得这个人爱你，你才会找到主动权，完全错。他爱你，你怎么会有主动权和控制权呢？你每天都惶惶不可终日地想：他哪天万一不爱我了，我能控制吗？

你平时一直说"你爱我"，你今天凭什么说不爱我了？不可以。这是很简单的一件事情，女人就是会这样，比如说一个男人给一个女人打了一周的电话，第八天他不打了，女人会想：他不爱我了？

这就在我自己的控制范围之外，因为喜欢我的人，我没办法控制和选择。如果我自己选择的话，我就选我爱的人啊！我会选择这个世界上的任何一个人。那对方不需要有回应的，只要我爱他就可以了，他不需要知道。我可以爱奥巴马，我可以爱在座任何一个男人，随便幻想一个人都可以爱，都敏俊也可以。这是多幸福的一件事情，何必去挑一个无法控制的人呢？

还有一个是主导权的问题。爱一个人的幸福感，当我爱上他那一秒钟，你知道这个世界是什么颜色的？粉红色的。全部是彩色的泡沫。在我的世界里流淌奶和蜜的地方，他就是应许之地。当你发现你心中充满爱的时候，这个世界都是柔和的。

我心中的那种幸福感远远超越那个人给我的感觉，他爱我，可是我不爱他的时候，"臣妾我做不到呀！"我也特别想打开那扇门，可是我进不去呀！我好委屈，好痛苦。可是我爱的人，我可以想尽办法追求他。他不喜欢我没有关系，我慢慢来。你只要给我一条缝，我就给你撕出一片爱的未来！我相信总有一天，铁杵可以磨成针。他总有一天会看到我，当他回头，再对我回眸一笑的时候，整个世界就如烟花一般灿烂，这种幸福能跟那个人比吗？

千万不要对爱丧失信心，一个人心中一定要有爱，无论这个人是否爱你。很重要的一点是为什么？现在很多人丧失了爱的能力，不会再去爱。其实我在读书和看报的时候，我每天来这里上班的时候，想到能看到我爱的人，我就很开心。这是一种爱的动力，是一种工作的动力，是我活下去的勇气。

03

颜如晶
爱情和口味一样，起码要引起食欲

爱你的人他得不到你的时候，他渐渐开始变得越来越恐怖。但是得到了的人，会不会变呢？一样会变。爱你的人，他得到了你后，他会不会变？肯定会变。结了婚的人，嫁了或娶了你，你已经是他的家人，你已经是他的人了，他会不会变？马上变啊！

爱情是什么？爱情这种东西是口味而已嘛，就跟口味一样，你要吃一样东西，这东西起码要引起你的食欲。

同理，任何一样菜，你要有食欲，你才可以吃得下去。我最讨厌吃的东西是葱。不管你把这道葱炒得多好、多香，你塞给我，我都不会想吃的。不管你告诉我是多么地好吃，我都不会想吃的。如果一个女生今天跑来告白，告诉我她有多么喜欢我，不好意思，我喜欢的是男生。

所以，如果爱我的人，我就应该接受他，这也太难接受了吧。所以要引起自己的食欲，一定要找对自己的口味，不要找不对口味，随便有东西就吃。

04

肖骁
被爱是被动的

我有一个问题是我跟现场所有的选手不太一样的，说真的，是爱我的人太多了。你说让我怎么选？

从那么多人里选出一个冠军，我跟她在一起，我还要担心，她能不能爱我一辈子。我要告诉大家的一个很重要的观点是什么？我可以去选择一个爱我的人，但是我选择她只有一个原因，就是有一天我的精神空虚了，或者我的肉体空虚了，这就像《农夫和蛇》的故事一样，我就是那条蛇，那个爱我的人，她就是那个农夫。其实说她是农夫，还不如说她就是我的备胎。当我醒过来的时候，我心目中另外一条蛇精来找我的时候，那我当时冬眠已经过了，我不保证哦，我可能会咬她一口，然后跟另外一条蛇跑了。那如果我已经开诚布公地这样告诉你，你还愿意爱我吗？

05

马薇薇
爱你的过程中我找到了我

现实生活中，我们要吃饭，要就业，朝九晚五要上班，老爸老妈要照顾，未来还有儿女要管。爱情，在我们的生活中是不是真的这么重要？不是，我承认。

可是就是因为我们的生活如此之平凡而琐碎，我们要做的事情太多，我们一定会迷失掉一个东西，那个东西就叫作"我"。我要做的事情超级多，我要扮演的社会角色超级多。渐渐地，我会成为老板的一个好员工，我会成为爸爸妈妈的一个好女儿，我未来会成为孩子的好妈妈。在这么多的角色扮演中，我渐渐不知道自己是谁。

爱是一种什么东西？它不是一蔬一饭，它是我们疲惫而琐碎的人生中的英雄梦想。所以，你会为它牺牲很多，它会为你带来痛苦，这些我通通都认。陈铭说你爱一个人就是把钥匙交给他。对不对？对，我就是把我心门的钥匙交给他，我不知道你会不会来，我不知道你什么时候会来。所以我想到你会不会来这件事情时，乐观的时候，我会脸红心跳；悲观的时候，我会痛苦不堪。我不是把钥匙交给你，我是把我的心挖出来交给你，任你践踏。

这个时候你们觉得我失去了自由，丧失了主动，对不对？不对，我的灵魂还是自由的。是因为在爱你的过程中，像艾力所说的，有些人超正面，他会变成更强壮、更智慧的自己，故而一念成佛。也会像执中所说的，他会变成更猥琐、更不堪的自己，比如李莫愁，一念成魔。可是在爱的过程中，是佛，是魔，历尽你给我的百劫千难，最后，我终于找到了"我"。

苦有两种：一种是我不得已，我为了更舒适的生活、更平静的交流，然后选择一个爱我的人，这会提供一种更舒服的生活环境，我是认的，因为他会迁就我。还有另一种苦，就是午夜梦回，我看看枕边人，我不爱他，我对他有歉疚感，我永远不会对他那么好，而这种苦我是没法跟他说的，我不可能说："亲爱的，其实我没那么爱……"这种话我没法跟他说，明白吗？而且我也没有办法跟别人说，我另一半超爱我，我不是很爱他，很痛苦！

后一种苦听起来很惨、很血腥，对不对？可是它是什么？它是岁月打磨之后，经历过许多伤心事，最后才知道哪回甜。

选择爱你的人

01

陈铭

一旦你选择了爱你的人，
你就握到了幸福的钥匙

追你爱的人的结局取决于机缘，或者取决于人的性格。很多例子是追着追着，追到牢房里去了；追着追着泼硫酸了；追着追着杀人了；追着追着堕落了；追着追着变成李莫愁了。这样的例子很多。所以个例完全说明不了这个问题，关键是，爱情的本质是处出来的。

我们说要选一个爱你的人的原因是：我们追求爱情，既不是跟他在一起，也不是要跟那个追自己的或者你自己追的人在一起，都不重要。有个目的嘛，那个目的是要幸福。我们选一个人最终都是为了得到幸福。我们为什么倡导各位要选一个爱你的人呢？因为一旦你选了一个爱你的人，那把幸福的钥匙，你就握到了自己的手里。一旦你选了一个你爱的人，你就相当于把自己一生的钥匙拱手交到了他人的手里，就这么简单。今天幸福的那个门就在那里，幸福就在门背后，我只要选择了一个爱我的人，我就把幸福掌握到我的手中。我只要愿意跟他相处，我只要陪伴，我只要愿意在真真正正的平淡中去寻找爱情，我就一点一点拧开了这把锁，走到了爱情的房间里。

但是，如果你选择了一个你特别特别爱的人，你一生的幸福都交给了他，那是一个概率事件。如果他从云端看你一眼，帮助你打开了锁，你可能会踏到幸福的门里，还随时怕被人踹出来。你永远不知道幸福来临那一刻是什么时候，你永远在彷徨，在猜忌，你的心在跳，你的脸在红，你永远不知道幸福在哪一端。这听起来很美好，因为那种骤然而至的爱情，真的很美好。但这样的概率太低了，如果你真心想要幸福的话，给大家一个小小的建议：把那把钥匙放到自己的兜里，就不会出事了。

02

黄执中
爱情也是有腐蚀性的

　　爱情不是粉红色的，爱情本身也是有腐蚀性的，是有魔性的。任何人爱一个人，不断地付出，不断地投注，而对方没有给相应的回应的时候，坦白讲，不要以为你是情圣，没有人受得住。人会变！我不是说他，我是说你。你们每个人都是会变的。你很持续、很持续地爱他，当他没有回应的时候，你会开始怨他，乃至恨他。由爱生恨，这个道理非常简单。你会想：我整副心思挖给你，你怎么可以这样对我？我还不要你伤害我，你只要不理我就够了！

　　我们看过小说，金庸小说《鹿鼎记》里有一个"美刀王"。他暗恋陈圆圆，他隐姓埋名，只为了当她的一个小小的园丁。他在她旁边待了这么久，他甚至记得陈圆圆跟他讲过多少话。这已经有点恐怖了，这不是痴心汉，这已经是痴汉了。爱是会让人变的。不要以为所有的爱情故事最后都是粉红色的，它有可能是血红色的。

再看,《鹿鼎记》里还有一个人叫作韦小宝,他爱阿珂,阿珂不爱他,他怎么做?你阿珂爱那个郑克塽对不对?我找人去羞辱他,我找人去整他,我找人去打击他。他对阿珂说什么?他说:"你这辈子就是我的人,你就算嫁了十七、十八次,第十九次还是要嫁到我韦家。"这已经差不多了。人会变,一念入魔。不要执著地往这边走,不要让自己变得丑恶、扭曲。不要以为自己不会,不要以为那只是社会版的新闻,放轻松一点。

　　我一向不是很喜欢把爱情抬得太崇高的论调。爱情都很美好,也很神圣,"个人的自由""我那赤裸裸的一颗心"。可是坦白说,我认为这不是一个好的影响。

　　爱情这种东西,不是人生中最重要的。你说你要自由,我们有很多的自由,知识也可以让我们自由啊,理想也可以让我们自由啊。我读书的时候,我徜徉在每一种理解当中、不同的观点当中,这也是自由。人生的自由有很多,即便是情感的自由,也不是只有爱来爱去那一种。我的意思是,不要把所有的力气花在这个点上。

　　如果你爱的对象需要你那么痛苦去追求他,你人生没有力气干别的正经事了。琼瑶小说为什么写得那么感人?因为男女主角除了谈恋爱,不干任何正经事。他不用对他的家人负责,不用对他的朋友负责,他没有理想,他不用对这个世界负责。他只要对爱他的人负责。

我并没有要大家放弃对爱的信心。我的意思是：这个题目讲得很清楚，有人爱你，你也有一个爱的人。你现在是选择遍体鳞伤地追求这个，还是其实你只要回身拥抱他就没事？

03

胡渐彪
找个爱你的人更容易磨合爱情

人终此一生几十年，你碰上的人，会遇见的人那么多，如果恰好每个爱上你的人，正好都不是好人，那多可悲！

他们说爱是很幸福的，我告诉你，相爱是更幸福的。爱是粉红色的，相爱才是幸福的粉红色。那怎么样叫相爱？很多人误以为感情是什么？你是一个半圆，终此一生找一个适合的半圆凑在一起刚好变成一个整圆。错！其实世间没有这样正好的。真正的相爱是怎么来的？是酝酿出来的。多方摩擦，大家在经过一定时间的相处、交集，有兴奋高潮的时候，也有不快的时候，有低潮的时候，经过一定时间的磨合，你就会发现：欸，真爱浮现了。

所以今天找一个爱你的人，是找一个你可以开始和他酝酿和相爱的人。你这时有主动权，你才更容易得到幸福。我们的主动权是这个意思。但是如果你今天一直去追一个你爱的人，主动权就在人家愿不愿意和你开始相处，对不对？所以今天这个题目其实很明显，作一个抉择：你是选择持续相恋，还是打算开始去拥有一个相爱的机会？就这么简单。

这个题目看似是爱情题，其实是人生抉择题。爱情确实是很崇高、很伟大，爱情确实给我们很大的幸福。但是你有没有想过，人生不止爱情。很多人就是看爱情故事看多了，很希望把自己的生命活成一部爱情的史诗。但是实际上不是这样的。你生命中还有别的很多东西要去照顾：你的家人，你的事业，你的梦想，你自己的生活质量。其实我们一直在说，我们一定要追一个我爱的人，誓死不休。其实梦中想要达成的是什么？把自己活成一个很崇高的爱情故事吗？但是老实讲，有必要吗？需要这样子来燃烧吗？

有的人总是在讲："我们家庭不应该妥协牺牲。"家庭的幸福最大，对不对？但是面对现实，有时为了工作，一些家庭幸福一定会有所退让的，对不对？事业梦想很重要，我们一定要成全，我执著到底！但是你喜欢不喜欢？面对现实，考量你家人的需求，梦想有时候也要退让的。所以，我们今天讲的是，选择一个人，哪一个人更容易和你开始有一个相爱的机会。

导师结辩

导师 ｜ 蔡康永

不要轻易拒绝让你感觉到自己有多好的机会

（内容来源：《奇葩说》第一季踢馆赛第一场）

我今天选了一个立场，容我讲一下我的建议。我的建议是：你要选择爱你的人，而不是选择你爱的人。爱常常是误会，爱常常是对你自己的误解。爱那个人常常是你对于那个人的误解。你认识的那个人，是你真的认识的那个人吗？你爱的那个人是你想象中的爱人吗？常常是误会。因为爱不到，所以无法检验，最后就变成一个未了之梦。我提供给大家的建议就是：如果你选择你所爱的人，你为你自己制造了一个伤口；如果你选择爱你的人，你为你自己选择了一副保护你的盔甲。

我还是想提醒一下这两句话：我们常常不够爱自己啊！我们常常需要通过爱我们的人，才能够发现我们自己有多么好。我觉得，大部分人在一味地爱对方的时候，常常忽略了自己最美好的部分。我们最后依赖着深深爱我们的人，而让我们相信了我们自己值得被爱，我们是一个好的人。所以，不要轻易拒绝让你感觉到自己有多好的机会。

爱先说出口，真的就输了吗

◯ 爱先说出口，输了

01

席瑞
一个人只有在不会说情话的时候，
他才会对你说我爱你

　　谈恋爱现在还靠说吗？我们都靠暗示。暗示就是让我告诉你，不要随便说出口，爱里面如果随便说出口，最大的问题是打破了恋爱的朦胧感。

　　谈恋爱要的是什么？要的不是告白的确定性，要的是我们之间对话的流动感。我作为一个大龄单身文艺男青年，我觉得这个世界上有很多很美的情话，当你表白的时候，你可以说"山有木兮木有枝",你也可以说"愿逐月华流照君",你更可以说"海底月是天上月,眼前人是心上人",可是你最好不要说"我爱你"。为什么?因为当一个人真正爱你的时候,事实上他说的每一句话都是情话,而当一个人在不会说情话的时候,他才会对你说"我爱你"。

其次,爱先说出口就输在了不自知。我最怕谈恋爱中有一种男生,他每天跟你说一百句"我爱你"。还有一种男生更可怕,他会跑到你的宿舍楼下摆一圈蜡烛,这个时候你就已经很尴尬了,不知道的人还以为在给谁开追悼会,结果他还要拿一个喇叭对着你的窗户喊:"我爱你!"想一想我都觉得很嫌弃,因为这种人把说爱当成了一种表演,他不是为了收获回应,他是为了收获大家的掌声。

不是想要告诉大家永远不要开口说爱,毕竟你不说我不说,我们两个都不说,那和没谈恋爱的感觉也差不多,所以关键在于什么时候说。只有当葡萄真正成熟的时候,我们才不用去分哪一颗更甜,哪一颗熟,谁先谁后。

最后,让我们回到最初的那个问题:到底什么样的人才会在一段关系当中先开口?其实是那些先认输的人,他憋不住了才会先开口。爱是什么?爱是猜来猜去的游戏,你不想猜了;爱是暧昧不清的状况,你受不住了;爱是他跟别人一起玩的时候,你不开心了;爱是你终于知道没有其他任何办法,你终于不能使这段感情升温了。可是同时你很清楚,你不说她也永远不会开这个口,所以你才会选择不要让它成为你生命里面逐渐褪色的一段记忆。

你开了口，你认了输，你是在跟自己的纠结、思念的煎熬、爱情的蛊惑、表达的冲动，认了输。而这一次你输了，你被爱情逼到了墙角，才发现自己无处可逃。

02

庞颖
爱情其实是个玄学

我们第一个论点，爱情中也是有权力关系的。著名经济学家、社会学家沃勒曾经提出过"最少兴趣原则"。他们研究了很多的情侣，发现在恋爱里面根本没有平等可言。什么叫作最少兴趣原则？在恋爱关系里兴趣最少的这个人就能在恋爱的权力斗争中处于上风。你把爱先说出口，显得你更有兴趣，那么之后哪怕你表白成功了，你的精神需要、身体需要、钱财需要，各方面你都处于劣势。为什么？你的兴趣多，别人的兴趣少，你得给别人甜头才能补上这些东西，把别人留在关系里。

正所谓爱情里肉不是靠称重的，谁重谁值钱，我们比较的是灵魂的饥渴程度。你先说出口，就输了这个东西，输了你的市价，签订了一个不平等的条约，这还不是输了吗？

有一句话说得好，真正的勇敢，那是在认清了生活的真相之后仍然热爱生活。输了我认，没关系，这样才能真正地在爱里勇往直前。

第二点，承认在爱情里输了，这是直面自己的感受。你爱人家，情人节不敢送花，都逼到清明节去送花了，你心里真的就没有一丝丝不舒服吗？我也表白过，当我坐在他的楼下等着他下楼的时候，我心里特别不舒服。那是一种非常清晰的卑微感。我为鱼肉，他为刀俎。那一刻我开始想我究竟够不够好，他会不会喜欢我，我究竟有没有足够的吸引力，如果他对我的回答只是一个尴尬而又不失礼貌的笑，那卑微感就更严重了。

这个世界上不是所有的东西都能被拿到同一个平台上进行抵消。比如说如晶是赢过非常多比赛的全系列最佳辩手，但是抵消不了她无数次都只是亚军的挫败感，所以如晶赢了吗？她赢了。如晶输了吗？她也输了。我承认先说出口的人赢了勇气，但是你输给了自己的那种挫败感，你输了在爱情中的权力关系。你这儿输了，那儿赢了，你可以说爱先说出口你赢了，但是你不能说爱先说出口你没输。

最后一点，比如说我表白失败，我去问我的闺密为什么。我的闺密能说什么？"你太胖了。"痛上加痛。你说什么我对他不够好，我改还不行吗？如果我的闺密说："你看上的是一个渣男。"我怎么样？我想自戳双目。但如果这个时候我闺密跟我说：

"对，就是因为爱先开口你输了。"我会怎么样？我觉得不是因为我自己不够好，我做了一件有勇气的事情，我做了一件有担当的事情，我做了一件善良的事情，我对自己有交代了。

爱情其实是个玄学，任何试图给爱情归因，特别是这个题目，用一句话给天底下所有爱情归因，从事实上、逻辑上论证，它不可能是完美的，但不妨碍这是一句有意义的话。因为我们每个人都有可能是爱情玄学中的受害者，我们需要一个答案，我们需要一个交代，我们需要一个理由，所以诗里怪风花雪月，怪世事易变，怪少不更事，唯独不肯怪你。

所以如果有人来问你，爱情里我先说出了口，我真的就输了吗？不要犹豫，告诉他你真的就输了。这是一句有意义的话，有用的话，为什么要否认它？

03

董婧
认输真的太难了

明明输了，明明痛，明明独自在大雪中奔跑，还要告诉自己我没有输。"我爱你"是一句最好的情话，你一定要说出我爱你，别人才知道你爱他呀。真的是这样吗？乍一听很合理，冷静下来想一想，现在是什么时代？是人人自恋的时代。所以当你没有表白之前，对方就感受不到你的爱吗？现在的人，你多看他一眼，他恨不得觉得你爱他爱死了，他会放过任何一个证明自己魅力的证据吗？如果你至今都没有拥有一项除了表白以外向别人示好的能力，只能证明你可能还没有做好进入一段需要付出感情的准备。

我就没有做好准备。我最近悄悄喜欢上了一个人，我把这个好消息分享给了我们海天战队的队友，然后庞颖姐说："呀，你这么大年纪了，还玩暗恋啊？"

大家回忆一下，当我们喜欢上一个人的时候，我们当然希望我们自然流露出那些我们引以为傲的品质之后，对方就会爱上我们。于是我们一张一张地打出我们的牌：美丽、幽默、有才华、会疼人，都没有反馈。然后你低头看一眼，你手里还剩下最后一张牌：说出爱他。这个时候你就知道，输了。

你不是输在你的牌比别人先打完，你甚至不是输在他可能会拒绝你，你输在你内心的那一点期待。凡说出爱必有所求，可是这个所求，给与不给都在对方的一念之间，你什么都改变不了。这种无力感是任何理由都无法安慰的，这种伤感会一直存在。

我们经常说，一个人如果爱上了别人会立刻说出来的，他好勇敢。他勇敢是因为说出来就输了，一场没有输的比赛，参赛的人需要勇敢吗？他就是因为明知会输却还是敢于认输，他才配得上勇敢两个字，不是吗？

我们今天说再往前走一步，其实只有你带着认输的心态去表白，你表白的姿态才更像爱。那些愿意认输的表白，是表达好感，是我站在我的心房门口问你："哎，你看看这里花草丛生，有吃有喝，你要不要进来啊？"而那些不愿意认输的表白是一定要拿下对方，是打开自己心房的大门，狠狠拽住站在门外的他说："来啊来啊，你进来，吃我的喝我的都不要钱，你怎么还不进来？"对方真的没有进来，你就"砰"的一声锁上大门，从此再也不提爱。前者才是表白，后者那叫绑架。

所以我们说在爱里愿意认输其实是一种美德。其实我们在爱里不应该争输赢。但是没有办法，这个辩题就是有输和没输，如果我们都不争输赢，这道题就不存在。这道辩题逼我一定要做一个选择，那我只能选择我输，因为我想让他赢，我喜欢他，我就更愿意让他赢。

我研发出了一个打辩论的新方法，叫作体验派。在准备这道辩题的凌晨，我向我开头提到的我悄悄喜欢的人表白了。我像我前面说过的那样，做好了认输的心理准备，我带着"输就输了，没关系"的心理建设，先说出了那句："我有一个喜欢的人，那个人是你。"然后他问我是什么时候的事儿，我就退缩了，我说我记不清了。

你们看，我其实已经有了认输的打算，可是在我面对这个人的时候，那些不想输、不敢输、不愿意认输的心理还是会拦住我的口。认输真的太难了！

所以今天这道辩题打完之后，我准备给他发一个微信，我会告诉他：我记得那个时刻，有时间，有地点，我在你身后看着你的背影，那一刻我想牵起你的手。那个时刻我怎么可能记不清呢？因为就是那个时刻，我知道你是那个我愿意认输的人。

爱先说出口，没输

01

奶茶

不怕你没爱过，就怕你爱过；
不怕你被拒绝，就怕你没机会被拒绝

为什么魏璎珞在《延禧攻略》最后说她赢了，那是因为她们是几十号人伺候一个男人。这也就算了，她们还有明显的升级制度：皇上爱我，我就有权，皇上不爱我，我就什么也干不了。她们能从答应到嫔妃，最后到皇后。所以她最后说的赢，其实是权力的赢，不是爱情的赢。我没有看过这部剧，但我知道魏璎珞有个特别出名的行动，她不喜欢一个人，两手一拍，一道闪电下来，就劈"死"一个她讨厌的人。

回到现实。我们正常的家里哪有什么权力和升级制度，如晶爱她妈，她还得给她妈封个答应，她爱她妹她还得给她妹封个公主，可能吗？这不可能啊，我们升也升不了，降也降不下去，我们争什么赢了？

输赢讲完，我们再讲爱先说出口，讲朦胧感。我也一直在想为什么人们不敢去告白，或者是认为先告白、先说爱就输了。因为确实有两个看似还不错的好处，一个叫作暧昧，一个叫作朦胧感。那个朦胧感是什么？是幻想。我也谈过恋爱，我也喜欢过别人。我喜欢一个人五年，这个时间其实不算短了，我今年才22岁。我喜欢她的时候，我会给她准备礼物，然后我说："随便准备的，收一收可以了。"我想她了，我不敢说，先说没意思。我怎么办？我发条朋友圈，把那张自拍精修一下，等她点赞评论。她点赞、评论了，我就开心了，她往我这边多看一眼，我就会觉得她一定也在想我，她也在看我。

现在我已经从这件事中走出来了，我再回想起这些暧昧、朦胧、幻想，就有点心酸。我送她礼物，我要挑圣诞节、清明节送，因为这种节谁都可以送礼物，但我不能挑情人节。她往我这儿多看一眼的时候，她看的不是我，她看的是一个比我更帅的男生。但是没办法，我连吃醋的权利都没有，她给我点个赞我就满足了，太奇怪了吧！她给每个人都点赞，但我却因为这么点小事儿满足，我觉得这些太辛苦了！

我们想要的爱情是这样的吗？不是。我们想要的爱情是，情人节我名正言顺地作为你的情侣，带你去吃烛光晚餐，圣诞节我大大方方给你准备礼物，过年了我牵着你的手去我家，我带你看东北的"大呲花"。那是我们想要的爱情的样子，不是那些暧昧，不是那些幻想！

直到有一天，酒过三巡，我喝多了，我选择了告白。当时为什么告白？因为我觉得我对她的爱都溢出来了，没地儿放。当然结果不太重要，我现在觉得自己那时特别勇敢、特别酷。原来那些我认为暧昧是好的时候，那些唯唯诺诺的时候，才是我输的时候。当我说出那句话的时候，我才发现这世界上最强大、最有力量的一句话是什么？是"我爱你"。我爱你，所以我有力量，所以我主动告白，怎么算输？

我们看了那么多电视连续剧，还有现实生活中的报道，每个人奄奄一息，要分别的时候，我们不是在这儿分遗产，告诉你给你20块钱、给你30块钱，我们就说那一句话："我爱你。"因为那是力量，我们的力量。而最无力的一句话是什么？就是我在那五年内每天都在想的那句话，最虚弱的一句话，叫作"你爱不爱我"。

故事的结局是我告白了，人家"啪"把我给拒绝了。但是退一万步讲，那又怎样呢？我得到了一个我该得到的结果，我先说出来，我勇敢，因为你没办到的事我办到了。我现在回想起那段经历，就觉得很美好。

不怕你没爱过，就怕你爱过；不怕你被拒绝，就怕你没机会被拒绝。很多事儿不做，你是不知道对和错的。而且你不做，你连错的机会都没有。所以大家主动去告白，主动去爱，没输。

02

赵帅
"我爱你"是最好的情话

爱里面真正需要的东西是朦胧吗？这两天我一直在训练，然后一直在录制，我男朋友一直陪在我旁边，如果有人问我说，他是不是我男朋友，朦胧一点，我应该怎么说？"可能是吧。"

席瑞说"我爱你"是最无用的情话，但我觉得"我爱你"是最好的情话。如果爱情里面真的要分个输赢，我愿意输，让你赢。可爱里面真的有对错输赢吗？刚才庞颖老师说了一件事情，她告白了，他拒绝她了，她感觉她输了。她错过了一个不爱她的人，却有机会面对一段崭新的感情，这是输了还是赢了？那个被她告白了、拒绝她的人，因此失去了和一个爱他的人相爱的机会，他是赢了还是输了？

所以这道题真正吊诡的地方不在于我要不要认输，而是爱里面真的有输赢吗？如果没有，哪里输了？

真正需要讨论的，真正可怕的地方不在于说出口这件事，我们真正会觉得跌份儿的事，是我怕我说了就代表我爱你更多。换句话来讲，我害怕我的"投入"和"产出"不成正比，这是我最担心的一件事儿。

《奇葩说》第一场组队赛的时候我输了，我哭得像个傻子一样，当时我妈给我打电话，我就说了一件事，我说我好差劲，我可能不适合这个舞台，然后就把电话挂了。那天晚上我就写稿，写到第二天凌晨，我就在我家的群里发了一句，我说我没事，我妈秒回说好好休息吧，这时是清晨五点半。我妈早上七点半要上班，那一晚上我不知道她是怎么熬过去的，我不知道那些沉默背后她的担忧，她没有说出来的那些疑问，她是怎么度过的，只换来了女儿的三个字"我没事"。她的投入和产出成正比吗？

飞飞老师从这儿离开的时候说了一句话，说《奇葩说》太难了，为了一篇稿子每天晚上熬夜到凌晨四点，输归输，但他觉得走到这儿值了。他的投入和产出成正比吗？

可是他们爱吗？我妈爱我吗？飞飞老师爱这个舞台吗？爱是那一晚上无言的等待，爱不是靠算的，爱是靠信的。我相信飞飞老师站在台上，他词不达意时候的那些局促，是爱。

从我来《奇葩说》那一刻开始，经常有导演问我为什么要来这个舞台，我都假惺惺地说，因为这是一个很专业的舞台，这是一个很大的舞台，我要在这个舞台上发表我的观点。可是我昨天回去以后，我在想如果今天是我站在这里的最后一场，我想说什么。我想抛开那些假惺惺，我想说我为什么来。因为我爱，我爱这儿，所以我想在这个舞台上留下来。

席瑞说爱就是一场猜来猜去的游戏，先爱上的那个人就输了。不是，因为我爱这个舞台，所以我想我的光能照亮这儿，我不知道我输在哪儿了。我想趁着我还有机会，堂堂正正地说一句，我很爱队友们，我很感谢这个舞台。我先说出口了，我不觉得我输了。

03

颜如晶
你用了一个认输的姿态来向我表白，
这真的是一个表白最好的姿态吗

爱情题对我来说就是辩题，每次都是，就是辩题。我觉得前面几位老师都说得很好，而且董婧用一种认输的方式来告白。但是如果我们想象被她告白的人在现场，他应该怎么回答呢？你用了一个认输的姿态来表白，这真的是一个表白最好的姿态吗？董婧说了两个字叫"绑架"，她说会绑架某一些东西。我觉得用认输的姿态来开始一段恋情，用最卑微的方式来告诉对方"我爱你"，其实才是一种真正的道德绑架。

再来，他们还告诉我们，主动是掉价的，要被动地等待。公主是要在城堡里面等王子来的，你出去的话会在路边错过来找你的王子。想象我是个公主，我在等我的王子，到现在等了多少年，多少季了？那些等到王子的公主，是什么样的公主？白雪公主，她等到了王子，但是她当时是"死"了的。那个王子的口味是什么口味？王子很奇怪，睡美人沉睡的时候有王子亲她，放到这个年代，这叫"性骚扰"。你只是坐着被动等待的时候，安排给你的人都不是什么好人，学学人家灰姑娘自己去参加派对！

像我这种极度内向的人，每次主动来找我聊天的，都跟我聊什么？"健身游泳，了解一下。"在这个年代，你不主动，没戏，就应该主动。

他们跟我说，我们要懂得被爱，被爱很重要，被爱才会感觉到很好的东西。我不知道被爱有什么重要，我没有这个经验，很难形容，反正你们就是觉得被爱比较好嘛，这就是你们看到这道辩题的时候不想告白想等人家告白的终极理由。但是其实付出也很好，做主动爱的那个人也有很大的好处。付出有一个最大的好处是什么？是你有喊停的权利。我们养猫的时候，我们都觉得，哎呀，猫很可爱，你看我们自称铲屎官，猫得到宠爱，猫很幸福。不是，猫不幸福。因为今天是我把它当成我爱的东西，它才幸福，今天我为你把屎把尿，如果我明天不爱了，我把你丢出去，你什么都不是。所以是付出的那一方给予了你的爱，我付出我有喊停的权利，你索取你没有要求我继续的权利。

付出还有第二种好，它有一种愉悦感。这是我在去动物园的时候体验到的。我去动物园的时候，买了些香蕉、面包去喂那些小动物，这就纯粹是付出。我往池塘里撒面包屑的时候，一堆鱼游过来，我当时觉得我就是一个大慈善家，丢的那些面包屑全部被它们吃了，它们很踊跃地呼应我的爱，它们不会给我任何东西，但是那只是纯粹靠付出换回来的愉悦感。

我觉得爱情就应该是这个样子。对方觉得是什么？他把爱情当成是一次捕猎，他是来钓鱼的，所以他丢了饵出去，一丢，没有鱼，他觉得他吃亏了，所以他说这叫输了。我没有在钓鱼，我在养鱼，我甚至不介意这个鱼塘是不是我的，它其实是动物园的，我这时候才可以真正告诉大家，我爱的是鱼。所以不要害怕付出，做付出的那一方也是很好的。

最后一点就是有人一直告诉我要认输，不要害怕认输。不对。我颜如晶在输赢这条路上跑了很久，以前辩论就是一个竞技游戏，它就是有输赢，而我是一个十几年来没有谈过恋爱，就只专注在辩论这个事情上，为比赛在做东西的人。我每次都在输赢之中徘徊，我最害怕教练跟我说不要认输。哪怕你输了也不要认输，因为你告诉自己，你认输的时候你才会真的输了。如果我们像你们这样认输，我们反而会坚强吗？不会的。输了、输了、输了，你就真的输了。不说爱、不说爱、不说爱，你就没有爱人的能力了。

所以真正想要爱的时候不要走一条迂回的道路，说我不认输。不要不敢，奔着赢去，奔着说去，这才是真正地面对现实，而不是假装把自己放卑微，其实想赢。

导师｜马东
你唯一输的方式就是不说出来
（内容来源：《奇葩说》第五季第十八期）

我能够找到一个核心的不合理的地方，就是他们把整个关于爱情的话题都放在了爱情权力关系这个词里面。

从庞颖开始就一直说权力关系，权力关系跟爱情是两回事儿。有的权力关系，借爱情之名，比如宫斗剧，我们谁也不会相信乾隆在那个年代跟魏璎珞是那么相爱的，那是一个剧。我们今天说的不是剧，我们今天说的是活生生的我们每一个人的爱情，这是我想说的第一个点。

你能想象你结婚的时候，那个证婚人会跟你说，无论他贫穷富有、健康疾病，你们都终身相爱，他不能说无论今后你们俩婚姻生活是他赢还是你赢，你们都终身相爱，没有这个词儿。为什么？因为输赢不存在于我们的爱情和我们因爱情而衍生出的理想的婚姻里面。

在这个话题里面，如果爱先说出口，你输给了谁？董婧输给了谁啊？董婧谁都没有输。你说出来的时候，不管对方如何反应，你收获了你想要的。你要没有收获你想要的，你今天不会把这个故事拿出来说。而你今天拿出来说的时候，你更加收获了你想要的，因为你在众目睽睽之下说出了你爱他。所以你输了吗？你没有。

那爱先说出口会输给谁？只会输给一个人，就是自己。你在什么情况下会输给自己？就像梁文道老师说的，很多年之后，同学聚会的时候，你会跟那个人说："当初我喜欢你，你知道吗？"然后那个人跟你说："我也喜欢你啊，你不早说？"然后你说错过了。这就是同学聚会场面上那些能说出来和说不出来的话，但是你当年没有说。

所以在爱情里，你真正能输的只有一个人，就是你自己。而你唯一输的方式就是不说出来。

异性闺密
是不是
谎言

◯ 异性闺密是谎言

01

纪泽希
男人是有目的性的

男人是有目的性的，所以他要做女生的闺密来达到他的目的。谁贸然对柳岩说："柳岩小姐我要跟你在一起，你愿意跟我在一起吗？"柳岩就会说："你这个神经病。"蔡刚老师在他的微博当中曾经写过这样一篇文章：我们不要急于先孔雀开屏，告诉大家你有多么好，多么美，给自己三分钟缓冲期，考虑一下对方要什么。好好去想一下，男生跟女生要做朋友，他没说一辈子跟你做朋友吧。承诺说的时候是惊天动地，说完之后是苍白无力。

02

金宇轩
防火防盗防闺密

防火防盗防闺密！你们可以相信有纯真的友谊、闺密，这个不是谎言。但你们现在设想一下，"枯藤老树昏鸦，小桥流水人家，夕阳西下"，我唱着歌下班回家，推开我们家房门，听见卧室里面我太太在跟她闺密聊天，把门一打开闺密是谁呢？如果是同性闺密，是柳岩小姐，我心情很愉悦，因为我看到我太太跟她的闺密在聊天，好开心，我可以去打英雄联盟，我可以去打魔兽世界。

但假设我还没推开那门，就听见屋里传来敲木鱼的声音……一开门，是个异性闺密——马东老师！但是作为一个绅士，我肯定要表示，你们有纯真的友谊，你们是真正的闺密，我不打扰你们，我回到房间里打开我的英雄联盟，打开我的魔兽世界。我点根烟，但我的手是抖的，我没有心情打游戏，我就算相信他们再纯洁，也要竖起耳朵去听。

大家可以想象这个画面，无论是男生还是女生，当你们的另一半有这么一个很纯洁的异性闺密的时候，你心里会是什么感觉，你还能够那么轻松地吃着火锅唱着歌，颠儿颠儿地回家吗？不可能！

所以如果你的女朋友有蓝颜知己，蓝着蓝着你就绿了！如果你们真的很傻很天真，相信异性闺密不是谎言，那么你们再设想一下最后一句话：潘金莲如果说西门庆是她的异性闺密，你信你就是武大郎，好吗？

03

艾力
异性闺密是个美丽的谎言

异性闺密不仅是个谎言，而且它还是个美丽的谎言，尤其是对那些一开始在苦苦追求爱情的人来讲，确实是这样！

我拿我自己举例吧。我在中学阶段特别胖，有 92 公斤，也就是 184 斤，当时我也没有什么才华，而且我身上有很多毛病和问题，就追不上女生。我曾经给一个女生写过情书，结果这个女生当着我的面就扔掉了。这个时候我怎么办？我会试着成为她特别贴心的异性闺密。

但说实话，我实在是太痛苦了，我相信今天有很多男生可能跟我一样痛苦。我也特别希望女生能关注一下周围的男生，说不定他真的是特别想和你在一起，但他又害怕，他确实也没有什么其他的方法，所以说他在默默陪伴着你。如果你也往前走一步，揭开这个美丽的谎言，你们两个就会有一个幸福的未来！

我们换个角度。假设我有女朋友，我去找另外一个女性诉说我的心里话，我感觉是对我女朋友有一点点的不公平，有什么话我不能对我最亲密的人讲呢？

04

包江浩
和尚都不敢有闺密

告诉大家一个非常简单的事情，男性是一种非常低等的动物。

你说你会对一个女性没有感觉，但我告诉你是时机不对，只要灯光美气氛佳，时机一到总会水到渠成。虚竹是个小和尚，他连梦姑长什么样都不知道，就跟她发生了关系。

和尚都不敢有闺密，今天我们男人怎么敢做别人的异性闺密？

导师结辩

导师｜蔡康永

异性闺密容易产生误解

（内容来源：《奇葩说》第一季12进8第四场）

我曾经被别人误会，称我为最容易变成女明星闺密的人，那当然跟我本身的属性有关系。这些女生跟我聊得比较多的是她们感觉到困惑和脆弱的部分。很悲惨的是，我又很会回答这类问题，所以她们越聊就会越投入，越聊就越没有防备心，越聊就越误会了在她们面前听她们倾诉的男生是一个值得信赖的人。

当时的确发生过几次，在女生感觉到很脆弱的时候，她觉得唯一可以依靠的人是你，所以我觉得这有点危险。当然我很努力地不让这样的误会延续下去，可是我不会正大光明地站在另一边说，因为你们女生选了对方当闺密，对方不会干扰你们的生活，对方就不会对你们的情感造成威胁。你们现在是以非常坚强的状态在发言，一旦你们在极脆弱的时候，我有点怀疑你们是不是会误会你们两个之间的关系。所以的确我是很认真地觉得异性闺密是有危险的。

△ 异性闺密不是谎言

范滟滟
找闺密不是找备胎

　　我们如果需要备胎，不需要从身边的闺密入手。

　　我找男性朋友做我的闺密是为了什么？我想要知道你们男人心里在想什么，这样我才能对付我的男朋友，对不对？你说有的时候可能说我看不上你是因为长得丑或者是怎么样怎么样，为什么我们女人找男性闺密都找一些丑的，你也明白，这样我的男朋友也不会误会，对不对？

02

马薇薇
闺密对我来说是我男朋友的另一版本的百度百科

如果一开始就没有产生性吸引的话，他们只能日久生友情，我选你做闺密就是因为我对你根本没意思。你对我来说就是关于我男朋友的另外一个版本的百度百科。

我们探讨的是什么？是相不相信男女之间有纯洁的友谊。我们认为闺密之间是不会有暧昧的，是因为暧昧这个东西最重要的是两厢情愿，西门庆和潘金莲必须两厢情愿，前提是西门庆吸引潘金莲。发现了没有，我们两个长期做闺密，做了那么久，我都没有爱上你的原因是什么？就是因为爱不上嘛。这个时候你男朋友如果非要多心的话，坦白讲你只能把你女朋友密室禁锢。因为这个世界只要还有其他男性，对你来说都很危险。所以需要改变的是心态，不是你的女朋友的交友范围。

03

肖骁
闺密的角色是由女生决定的

你们直接犯了一个概念性的错误，不要一直给自己男闺密这样的头衔，你们的角色定位是要由女生来决定的，她们决定你们到底是男性朋友还是男闺密。

女生选择闺密有她们自己的标准，不要一直给自己戴男闺密的帽子，你们配吗？

04

花希
不是所有男人都进化不完全

所有的人都不傻，尤其是女生。当一个男人不怀好意地靠近她的时候，女生是会有防备心理的，尤其是一个有伴侣的女性，她一定会把你推开的。除非这个女的就是潘金莲。这种女人，你都不用担心她有异性闺密，快递小哥都有可能成为你的威胁。所以都不要再说男人是低等动物，靠近女人都是有目的的，不是所有男人都进化得不完全！

女生可以主动追男生吗

◯ 女生不可以主动追男生

01

艾力
<mark>不要做扑火的飞蛾，
而要成为最明亮的烟火</mark>

　　首先不是说女生没有权利去追，任何人都有权利做这件事。但我们只是不建议女生去主动追男生，一旦主动去追，就有可能被拒绝，而被拒绝就肯定会受苦。我们还是希望这份苦由我们脸皮比较厚的男生来承担。当然不是说男生的心理承受能力强，只是男生习惯被拒绝，而且我们还会拿拒绝去调侃。

举个例子。大家看过《灌篮高手》吗？《灌篮高手》里樱木花道被拒绝了 50 次，每一次都想死，但是过一阵就好了。后面还有人放烟花礼炮，开他玩笑。但是赤木晴子被拒绝的话，她就……我说可以拿樱木花道开玩笑，但晴子被拒绝的话，就肯定不是这样了，是一个非常悲惨的结果。

我高中的时候也被拒绝得特别惨。我曾经写过一封情书给个女生，这个女生没有看，转过来走了两步就扔到垃圾桶里面了，我当时真的特别想死。但是我两三周之后渐渐缓过来了。后面我也自己调侃自己，我也挺二。别人写情书都是写散文，非常美，我记得我当时写了一篇议论文，五段详细论证了跟我在一块儿有多幸福。

我有一个女性朋友，高中同学，她主动去追，真的花了很多工夫，被一个男生拒绝以后两个学期都没有缓过来。

所以男生被拒绝，其实是一个非常久远的习惯。久到什么程度？远古时期。大家都知道，远古时期男性出去打猎，而女性是在洞口附近看孩子、采果子的。作为猎人的男人，看见猎物跑掉很习惯了，但是你说采果子的时候，辛辛苦苦挑几个果子，果子对你说："滚，我不要你。"没有这样的情况。

男性被拒绝这件事一直都有，我们一直都是这么一种生物。刚才我说我给女生写情书，女生扔到垃圾桶里面，大家都笑我对吧？艾力真二，太傻了，太无聊了。但要是反过来，一个女生给一个男生情书，男生把情书当着女生面扔到垃圾桶里面，大家会说什么？说这男的是人渣，不要脸，一点都没有怜悯之情，禽兽！

这可能并不关乎所谓的承受力，也不是所谓的平等不平等，只是简单的习惯问题。当然对方会说：没关系，就算受伤，我作为女生也要拼尽全力追这个男生一次。如果你真的想和这个男生在一起，引要比追好。不要做扑火的飞蛾，而要成为最明亮的烟火，成为一个灯塔，让男生乘风破浪来到你的身边，这样你们的感情才会更加稳固。

02

花希
不要低头，皇冠会掉

今天先来说两点。第一点叫男女平等。所谓的男女平等不是要让女生像男生一样去追求自己喜欢的东西，而是女生利用自己的优势，去和男生做同样的事情，这才是真正的平等。这个世界上有一种很奇怪的观念，叫一个女生像男生一样工作。你认为这是平等吗？这其实是最大的不平等，因为这是用男性的标准规定女性。

第二点，说女生老了以后会后悔，不追，很惨。可是不要忘了，不是说你遇到喜欢的人，你什么都不干，我们又不是傻子，有喜欢的人当然要有一定的表示。中国有一句古话叫作"桃李不言，下自成蹊"，桃树，它不会过度地宣扬自己，但是人们会从它的树下走过，你真的以为桃李不言吗？其实桃李是很有心机的，它用自己的芳香，用自己花的颜色，用自己丰满的果实去吸引所有人，向它靠近。

作为一个女生，你要利用好自己最强大的优势。远古时期男人最强大的优势是追、赶、跑、跳、碰；女人的优势就是编织花篮，设置陷阱。

我今天就要给大家来讲怎么追，请大家掏出小本子来记。第一，就是你要擅长使用一切社交工具。咱们首先要通过微博等一切可能的途径，先去搞清楚你喜欢的男生他有什么样的兴趣爱好、音乐品位、穿衣风格以及他的一些学识。

当你已经摸清楚这个男人的一些兴趣爱好之后，第二步就是慢慢渗透。所谓千里之行始于足下，万般深情始于点赞，你就要开始在他的每一个状态下面点赞。比如说男生今天出去发了个旅行的照片，你说："哇，这个地方好好，我从来没有去过。"如果这个男生今天发了一首歌，哪怕你很讨厌这个歌手，你也要说："你听歌很有品位，我喜欢他的另外一张专辑。"长此以往，你就会发现，你在他的生活里面越来越多地渗透了自己。

这个时候，请大家不要担心男生会拒绝，因为男人对于主动的女生基本上是不会说不的。所以你可以放心大胆地去追求他们。所以我的观点就是：女生要利用自己的优势，你要把自己身上的魅力发挥到最大，不要低头，皇冠会掉，勇敢地让骑士来追你就好了。

其实我刚才那一段是给大家提供了一个方法论，接下来我就要出于我自己的私心，给大家说说为什么女生不要去追男生。因为你追到了倒还罢了，追不到受苦的是我们这些当闺密的人。我们需要听着你熬夜哭诉，深夜抹眼泪。打电话跟我聊到半夜三四点，我还说："没事，他是爱你的，挂了。"这对我来说是一种折磨。当然这是一个玩笑。

女生在爱情里面都是戴了放大镜的人，会把自己的付出看成非常重要的事情，我为你做了这么多，你为什么不领情？这是所有闺密会在被拒绝之后说的一句话：我为男生做那么多，他凭什么这样子对我？为他做这么多，他干吗要这样伤害我？

所以一段失败的追求经验，会对这个女生造成非常可怕的自我评价错乱。一旦女生失败了，她的自我评价会彻底崩溃：我是不是不值得被爱？我是不是不是一个好女孩？然后，我要在大半夜给她解决她的一切纠结。其实你真的是一个好女孩，只是你不适合这个人，或者这个人不懂欣赏你的美而已。希望大家永远都是一个值得被爱的小女孩。

03

马睿
女孩本来就应该负责美丽大方善良

追不追这件事情，实际上没有人可以控制得了你。你想追，你可以追，但是我说的是该还是不应该。

比如说很多人都想赚钱，所有人都想有钱，但是赚钱的方式有很多。有的人是选择用自己的能力才干去得到财富，甚至是让财富来找他。但是有的人可能有手有脚，他选择的是乞讨。

女孩本来就应该负责美丽大方善良，她不应该做这件事情。如果一个男孩在一个女孩的面前，不能够体会这个女孩的一种喜欢你的状态，是不是这个男孩的情商太低了，或者是他真的给不到她幸福，或者是他对她完全没有感觉。那你说她干吗还要追？

在我的生命过程当中，曾经也出现过这么一件事。女孩在追我，然后我很开心，因为我享受的是这个女孩追我的过程。女孩要做这样一件事情，你要想清楚你到底是为了什么，你是为了想要引起他的注意，然后有一个结果，还是仅仅想引起他的注意？

一个区别就是这个女孩就觉得她已经跟我在一起了，但是我觉得"可能是在一起"。我还是希望女孩不要去做这种很被动的事情，她应该去做挑的事儿：你们都来追我，我来挑，而不是比较尴尬地主动去做追求男生这件事情。

04

肖骁
奋不顾身追求男生的时候，他感觉到的是尴尬

女生出手，男生很容易中招。我们都知道我们追求别人，最终是为了跟他在一起，我们不是为了锻炼自己的打猎能力。有一些人，有一点小名气，有一点小钱，就有无数个女生追。但是这样的女生为名，为利，不是为爱！

第一，一个女生去追一个男生很简单，就是因为男生是一种不会说不，而且荷尔蒙非常旺盛的动物。而女生是一种非常有魅力的动物。只要你使用对了你的魅力，你喜欢的人就可以手到擒来。所以说，一个女生主动开口去追求一个男生，她只要长得不是太夸张就行。所以我不让你们追，不是怕你们追不到，而是怕你们每次都追到，但永远追不到真爱！

第二，男生和女生在追逐爱情的过程当中的感受是不一样的。我们身边经常有这样的女生朋友，抱着喜欢她的男生送给她的洋娃娃，或者是玩具熊（反正就是直男会选择的很老土的那种玩具）出来炫耀，告诉大家：你看，有一个男生这么喜欢我。但是大家试想一下，有没有哪一个男生，会围着喜欢他的女生送他的围巾发朋友圈自拍告诉大家，你看，这是一个女生送给我的。大家要知道，一个男生在被追逐的过程当中，他是得不到快感的。男生追求的不是那种被宠爱的感觉。

所以我要告诉大家的是，一个女生可以尽情地享受被别人追逐的快乐，可是当你们奋不顾身去追求一个男生的时候，他感受到的是尴尬，不是快乐。

我要和很多男人进行一次兄弟之间的对话。今天我告诉很多女生，你们不要主动去追求男生。当爱情来的时候，你是冲动的，你是糊涂的，你是听不进去的。所以这个时候，我宁愿去告诉那些自己被爱着却不知道的男生，当一个女生爱上你的时候，她怕你真傻，但她更怕你装傻。

所以我希望所有的男生想一想，没有一个女生会每天准时准点给你的照片点赞，给你的照片留言，因为你真的没有你照片里那么帅！也没有一个女生会每天无病呻吟地向你请教各种问题，因为你也没有你想的那么有才！你更不像我这样的男闺密一样，能说会道聪明可爱。所以当一个女生无止境地对你好，无止境地对你付出的时候，你要不要转换角度想一想，这个女生是不是对你有那么一点点的意思？

当你察觉到这样的爱的时候，我希望你不要装傻充愣，如果你喜欢她，就表白。如果你不喜欢她，你就跟她保持距离，不暧昧，勇敢残忍地拒绝一个女生才是你对她最大的温柔。不要逼到一个女生去追你，这件事情无关义务，无关责任，仅仅是一个男人的担当而已。

05

颜如晶
不要让爱情贬值

女生一开始真的是会害羞的，所以当她想要主动去追一个人的时候，她已经鼓足了勇气，而且这个男生一定是她非常喜欢的人。女生在非必要时，都不会想要主动去追一个男生。主动追一个男生，换来的结果却是不好的。

举个例子。如果今天超市免费派送一些食物主动请你吃，你饿的话就吃两口，如果是喜欢的食物你多吃两口，如果不喜欢也就算了。这就是男生在女生主动追他的时候会有的态度。就是免费送上来，想吃就吃，不想吃就算了。

但是身为女生的我，在非必要时，鼓起勇气看了《冰雪奇缘》后才决定要追的，而你的态度是，把我当成超市免费的食物。所以说主动去追，反而让这一份你这么想追求的爱贬值了，因为男生对待这份爱的感觉不一样了。

如果你真的遇到一个很喜欢的男生，想要去追，不要让你这一份爱情贬值。如果你是一道菜，可能你不喜欢这样形容，但是我现在讲我自己，如果我是一道菜，不要主动请别人吃，把自己炒得特别香，让别人觉得很香的时候，主动来吃。如果你够香，够吸引人，别人会主动跑来吃，还要因为你很香，所以他要珍惜你。不要让自己这么想要的一个男生，这么喜欢的一份爱情贬值，让他主动过来会更好。

06

马薇薇
不要让爱情变成一场战争

女权主义在很长一段时间里，在某些激进分子的鼓噪下进入了一种误区：只要男女平等了，男女就必须一样。女生顶天立地了，我们就必须削胸明志！如果女人跟男人一样了，那我们必须长满腿毛。你敢穿裙子，你敢化妆，你把自己打扮得像范滟滟或者范冰冰，那就是你想刻意取悦男人，你背叛女性群体。

这些其实一点都没有为女性争取到权利，或者说这样争取到的长了腿毛，穿了西装，邋里邋遢跟男人一样的生活并没有使我们女性更快乐。

男女平等，意味着什么？意味着男性和女性，都有权按照最适合自己的方法去生活。男人是天然的捕猎者，这并不是一种性别歧视，这是一种基因筛选。从远古时代，只有比较擅长捕猎的男人才能活下来。老逮不着猎物那拨，都成为猎物的食物了。比较擅长设陷阱摘果子的那拨女性，她们的基因才能流传下来，不然的话她们全都在陷阱里面成为别人的果子了。所以这是一个基因选择，这是我们男女最适合的生存状态。

我们让花是花，我们让树是树，天空是天空，让每一种生物，每一种植物，每一种动物，这世界的每一物种都按它最舒适的方式舒展开来。

女生不应该去追求男生，原因非常简单，因为这是我们最舒服的状态。何必为了那根本不存在的权利而刻意去呐喊？如果你真的是一个平权主义者的话，在职场上，去跟男人争；在事业上，去跟男人争；在社会上，去跟男人争。永远不要在两性关系上，把它搞成一场战争！

导师结辩

导师 | 蔡康永
女性比男性更专情

（内容来源：《奇葩说》第二季09-04期"女生该不该主动追男生"）

有女生说在追求男生的过程当中最高兴的就是她追到了一个人，叫作她自己。如果有男生跟我说他追了一辈子女生，最后他只追到他自己，我会哭，你太悲惨了。追到自己太可怜了，这是第一。

我谈恋爱的时候我要低到尘埃里，最后从尘埃里面开出一朵花来。你知道这谁说的吗？这是张爱玲。你知道张爱玲的爱情故事有多悲惨吗？你讲了一个爱情故事非常悲惨的人所说的对于爱情的见解，来给天下女生作建议，我觉得太危险了。

为什么女生不适合追男生？女生太专情。你针对恋爱那么专情，就是不能追人家，因为你付出的代价太大。女生专情到什么地步？我给你们举个例子，我们比较男生跟女生，男生博爱的程度对比女生专情的程度。

男生的博爱程度可以被比喻为赏画。男生喜欢一幅画，我喜欢这幅毕加索，我在屋里挂毕加索，我觉得好漂亮。可是不妨碍我喜欢那幅张大千，我又挂一幅张大千。我喜欢傅抱石，我又挂一幅傅抱石。我喜欢夏卡尔，我又挂一幅夏卡尔。我挂着四幅画在我房间的时候，我都很开心，我的眼睛在四幅画之间游移，我觉得四张画都好美。

女生专情的程度，像是听一首歌。女生在听周杰伦的时候，你不能够同时放王力宏，这是不行的。你不能说我左耳听周杰伦，右耳听王力宏，这是行不通的事情。所以她不可能像欣赏四幅画一样，同时欣赏四首歌。女生是专情的人，所以女生追别人的时候，是拿出全副心力在燃烧自己的。

男生是掠取者，所以男生看这只兔子跑掉了，他赶快转眼看，那边有一只鹿可以追。有一只鹿可以追的话那就追那个鹿。追不了这鹿，这边有一只野猪可以追，他是捕猎型的人。女性是养育型的人。女性如果知道肚里怀了一个孩子，就要专注地把他养好养大，照顾他，因为他很珍贵。所以雌性是被设定为养育者，雄性被设定为猎捕者。

如果今天我是站在台上，我可以冠冕堂皇地说男女平等，女生可以去追男生。如果是我的妹妹来跟我说：她爱上一个男生，她要追，我一定会第一个反应就说：不要追！我们今天聊的不是一次两次这种为了爱情奋不顾身地追，我们今天聊的事情是，当你是一个女生，是一个养育者的时候，你不适合去追男生。

△ # 女生可以主动追男生

01

李如儒
勇于追逐，不留遗憾

很多人会觉得男追女很正常，女追男就会被莫名其妙地扣上一个倒追的帽子，这就是一种封建思想。因为那时候的男女关系是，男人是女人托付终身的对象，我们女人是要靠男人去养活的。那时候我们女人没有办法去养活自己，所以我们没有办法去主动追求男人，我们需要男人来主动追我们，并且我通过他们的追求，来检验他们的真诚。他们追我的时候付出的越多，可能就代表我嫁给他之后，他能给我的东西就越多，所以那个时代的女人是没有主动权的。如果女人那个时候主动，就失去了这么一个检验的机会了。

现在时代不同了，我们女人都是独立的，我们有自己的事业，我们可以养活自己。在现在这么一个时代，谁能养我，这不是重点，我爱谁才是重点。我碰到了我喜欢的人，我为什么不应该去追？

一个男女平等的时代，我为什么就要做路边的花，等着你们这帮蜜蜂来采我的蜜？你们男人有追求幸福的权利，我为什么就不能有追求幸福的权利？我们是有主动权的。甚至可以说不让女生主动追男生已经不是不公平了，而是对女性的一种精神上的虐待和压迫。

比如说，今天我喜欢上一个男生了，但是你们说，你不能去主动追他，那你们告诉我，我应该怎么办？我最后只能眼睁睁地看着他跟别的女人在一起。可能我觉得这个女人还不如我。我相信这种百爪挠心的感觉，很多女生都会有的。

就像你看到你喜欢的食物摆在你面前，你特别想吃，但是你们告诉我：不行，你不该吃，你就应该流着口水眼巴巴地看着。这就是一种精神虐待！

如果我追一个人被拒绝了我会很难过，但我觉得这不重要。

我就是要追，我喜欢一个人，我一不丢人，二不犯法，为什么不去追？等你们老了，想到你们二十多岁的时候，我追过，我主动过，我爱过，可能我也被拒绝过，但是这一切都可以化为我嘴边淡淡的一笑。

我不希望我回忆里全部是错过，擦肩而过，失去过，这才让我真正痛苦。因为在爱情里，我觉得遗憾比失败更加让我们难以释怀。所以我们就是要男女平等，我们的爱情观就是勇于追逐，我们的人生观就是不留遗憾。

02

艾伦
女追男更有优势

我想举我的亲身经历为例子。我在上大学的时候，有一个女孩特别喜欢我，她想追我，但是我一看，她不是我喜欢的那个类型。有一天晚上，她放学之后，自己偷偷在宿舍里喝了一整瓶白酒，然后趁没醉之前约我说："咱们能不能去小树林走一走？"我出于礼貌，因为她独自出来，我担心她喝完酒会出事，所以我说："走吧，一块儿出去走走。"走的时候她就趁酒兴，拉我，扯我，向我表白。最后我真是被她感动了，虽然我知道这个动机可能不太纯。

其实女追男比男追女更有优势。所以我觉得女孩不要去浪费这种优势，就像刚才老师们说的，男女现在确实平等，所以我觉得女生如果想去追，就应该勇敢地去追。

03

范湉湉
喜欢什么就勇敢追求

其实对于我们来说，女孩很简单。我们有一句话讲得很简单：追求不分男女。简而言之，就是黑猫白猫，只要逮着耗子，它就是好猫。不要跟我讲这么多过程，我们只看结果。

你知道现在有些女孩有多主动吗？但凡见有个男的，稍微长得过得去，有点小钱，拿个车钥匙出来，女的就冲上去了。这种时候你们还不让我追，我一老姐姐，我等到什么时候去？所以这个时候不要管那么多，只要男未娶，女未嫁。现实中那些女孩是有多么恐怖，大家心里都非常清楚。

第二，反对我们追男生，让我觉得有点怪怪的，男生捕猎很开心是不是？让我们在家里摘果子，你出去打猎物是不是？我就奇怪，你怎么从来不问问我喜不喜欢打猎？

女生就该做摘果子这么容易的工作？我就喜欢出去打猎，喜欢那种围追堵截的乐趣。女孩子也要狩猎，女孩子也要去打点猎物回来，这种过程都是很开心的。

举个简单的例子。我们玩游戏的时候，你每天要花时间去买装备，要练级，在这个过程当中，你要去打怪物，最终你看着大怪物说：我终于等到这一天了，今天我要把你给干掉。当中你累积了很多的经验，你有很多的装备，你给自己还升了很多的级，加了很多的血，这个过程是很爽的。但是你想过怪物的心情吗？她每天就在山洞口走，好无聊，这练到黄金圣斗士的人怎么还没有来？在门口剪个手指甲啥的，拨拨挠挠看头上有没有虫。等待是件很无聊的事情。

特别像我们这种职业女性，又优秀长得又好看。说实在的，工作有的时候太忙了，所以有的时候我非得主动出击，不然怎么样？开拍戏，拍两三个月，那我怎么办？我们去医院也得挂个号，吃饭等位的时候，在门口领个号码牌。这时候拿块板砖，"啪"地拍下来："告诉你，我对你有意思，等好，两个月拍完戏再来找你，别着急，先给我留着位置。"所以说，这个牌子得拿好。

我是生于 20 世纪 80 年代的女性，是一个很温柔、很恭良贤德的人。老实说在我 30 岁之前，我也会觉得差，因为我们 80 年代的女生是习惯于被别人追求的。

可是在我的人生当中，发生了一件很重大的事情，改变了我的人生观和价值观。在 30 岁的时候，我有一个发小，过世了，胃癌。因为我们一起长大，我本来不想把这件事情说出来，可是她真的彻底改变了我的人生观。在她临终之时，我问她有什么最后的愿望。她说很想大口地喝可乐大口地吃肉，她只有这一个愿望。当她从一个胖胖的女孩子变成像骷髅一样的时候，她拉着我的手跟我讲，希望我每一天都能像最后一天活，喜欢什么就去做什么，千万不要后悔。所以从 30 岁之后，我就辞职，重新转行做我自己喜欢做的事情。因为我要把每一天当成最后一天活。

04

常远

有些男生很被动，需要女生主动

我确实是亲身体会，因为我从小就是被女生追到大的。

大家也能看出来我是属于那种长得挺漂亮的男生，确实有很多女生追我，而且我也不会追女孩，最早在聊 QQ 的时候，我三句话人家头像就变成灰色，走了。后来我十六七岁的时候，我去哥哥家，然后哥哥就带回来学校的两三个女孩说一起玩。当时我紧张得哆嗦，我给我妈打电话，说我想回家。像我这样的人怎么办？在年轻时就找不着对象，所以我一般就等着女孩来，哪怕不用非得追我，就是主动一点，跟我说一下，一般就能成。当然成的也不多，就那么几个。所以我就特别感谢那些追我的女孩。

05

柏邦妮
在我的生命里，我自己是女主角

第一，比主动追更惨的是什么？是暗恋。一直默默地喜欢一个男生，你把他美化得不得了。其实你完全不了解这是一个什么样的人，然后你花了好几年的时间去暗恋他。主动追起码给了你一个机会去了解他。你也有一个主动性去筛选，去看他到底是个什么样的人。如果光是占我的便宜，却不肯给我这份感情，我可以不要你，我有一个筛选的能力嘛。

第二，说到主动追，大家一直在说这是投怀送抱，打折促销。我觉得主动追不一定是打折促销，主动追可以是在线试读。

有的女孩子是一本书，封面很漂亮。可能我的封面长得有些草率和随意，但是我有内容。我可以走到你的面前让你读读看，要是你觉得我内容还不错，对不起，试读结束请买正版。

第三，大家一直说女人都是有吸引力的。其实真的很不好意思，桃李芬芳会盛开，但有些女孩子像我，像是一棵树一样，可能我真的不知道怎么盛开，我不知道怎么去吸引一个男生。那怎么办？我妈妈有一句很伟大的话就是：在战争中学习战争。如果我不下场踢球，我永远都不会踢。你要给我一个下场踢球的机会，这是我们说的主动追的意义。

我觉得最悲惨的，并不是我去追我的男神然后被他拒绝。最悲惨的是，多年之后我偶遇我的男神，他根本就不认识我，我在他生命中根本就没有存在过。

怀着这样的想法，我就开始了我的初恋。我第一次恋爱喜欢上一个古惑仔，那时候流行喜欢那样的男生，我给他写了一封长长的情书。让我很吃惊的是，那个吊儿郎当的男生很认真地回了一封信，写得非常工整，他说："我不能接受你的感情，但是你的信写得不错。你喜不喜欢我这件事情你不用坚持，但是写东西这件事情请你坚持下去，因为不是每个人都能写得像你这么好。"这封信我一直到现在都留着，我就觉得，原来追爱这个事情，也会给我很多东西。起码我发现了我的才能，发现了我的魅力。

大家是不是把女生主动追男生这个事情，想得太苦、太凄惨了？好像我有一碗水就往外泼，一直泼到我没有。不是这样的，我觉得爱情的意义是我要点燃自己去照亮我的生命。爱情是：本来我是一小把火柴，因为爱你，我可能燃烧成一大把火把。可能本来我是一个胆小的人，我是一个害羞的人，我是一个没有勇气的人，但爱激发了我的无限潜能和勇气，我敢去追求我的爱情。也许在这个过程中你没有接受我，这不是最重要的，最重要的是我获得了一个很珍贵的东西，就是勇敢追求幸福的能力，也就是勇气。这个勇气谁也不会带走，它会跟你一辈子，它属于你！

我带着这个勇气走到20岁，我喜欢电影，电影是我的一生梦想，然后我大二就辍学了，一个人到北京电影学院去做旁听生，然后才能做我现在的职业，一直走到现在。在20岁的时候，我就有一个很简单的念头：爱，我都敢主动追，梦想，我凭什么不敢追呢？

《冰雪奇缘》是我们都看过的动画片，史上第一个公主，她是没有男朋友的。史上第一个公主拒绝了王子。我明白，其实你一个女孩子也应该去主动选择自己的人生，选择自己成为一个什么样的人，选择你去爱什么样的人。在我追爱的这条路上，我追到最好的那个人就是我自己，爱情是老天爷给我的奖品。如果有就很好，如果没有也没关系，因为在我的生命里，我是我自己的女主角。

06

胡天语
优秀的男生值得主动追求

主动追一个人会让你变得卑微，让你的爱变得很卑微，但是老实说有句话说得好，爱是什么？爱就是低到尘埃里，然后从尘埃里再开出花来。如果是真的喜欢的话，卑微一点又何妨？如果我真的这么想跟这个人在一起的话，我对他的感情这么强烈的话，我就试着放低一点身段，然后去尘埃里面，找我那朵花又有什么不可以？

男生在爱情里面，比起装傻更多的情况是什么？是真傻。祝英台如果不去追梁山伯的话，梁山伯会知道祝英台喜欢他？他每天在深夜梦里追问自己：为什么我会喜欢一个男人？他连祝英台是女人都不知道，你还指望他去主动追祝英台？所以面对很多智商和情商都不是特别高的男生，女生主动一点有什么不好？

07

陈铭
有机会就要去尝试

摆在我们桌上的谷粒多，我们没有给过钱，我们每个人天天在喝，我没有为我喝的这瓶给过钱。这一瓶谷粒多，绝对不会因为我没有给过它钱而自我贬值。所以这件事情真正的意义不在于贬值，而在于一个机会。我第一次录完这个节目，喝了一罐之后，我真的回去就买了，因为喝了它不饿！如果不免费让我喝一次，我这辈子都不知道它这么厉害。

所以，千万不要觉得很多东西是免费的就会贬值。超市傻？它知道免费就贬值，还天天给大家免费试喝、免费试吃。一个机会，你只有主动一次，开一次口，在他生命中写下自己的名字，才有机会让他了解你。谁知道？

导师结辩

导师 | 金星

别放弃眼前走过的爱情

（内容来源：《奇葩说》第二季09-04期"女生该不该主动追男生"）

什么叫女人只能生养，是养育定位。我们不是生活在远古时代。当我们每次谈到男女平等的时候，当这个词在社会上特别流行的时候，其实根本没有平等，这平等压根儿就不存在。只是我们用男女平等，好像一个目标一样。

今天这个话题跟男女平等没关系。而且这个话题能摆上台面讨论，是因为我们在 21 世纪。也不要用远古怎么捕猎举例，什么女人正常生殖，这都不具说服力。我觉得现在就是，当面对一个爱情来到我眼前的机会的时候，女性有她自己表达的方式。

从古至今，咱们看过多少故事？七仙女，她追董永。白娘子追的谁？许仙。西方童话谁写的？是男人写的。因为男人在追求、征服女孩，到处找一种存在感。

从我个人经历来讲，我是那种飞蛾扑火的。而且每次我追求表达的时候，当我没有表白时候，这个男人貌似他是我的菜，我也喜欢他，他喜欢我。当我表白了以后，人家对我不感冒的时候，我突然发现，我这方面对他一点也不具吸引力。那我知道了，我再找下一个目标。

我这个性感是冲着谁的？因为有的人就喜欢你性感，有的人就喜欢你胸小，有的人就喜欢你这个腿上长点汗毛的女孩。有的时候就是……我一定要找到我那个。现在的女孩子太应该主动去追了，千万别放弃在你眼前走过的爱情，现在机会是越来越少。

情侣吵架，
应该谁错
谁先道歉，
还是男生
先道歉

⬤ 谁错谁先道歉

01

李思恒

规定男生要先道歉，容易给男生造成一种错觉和一种错误的价值观

我先讲一下男生先道歉有几个危害。

第一个危害，容易造成审美疲劳。假设，两个人吵完架之后，你还在气头上，旁边一个人却一直跟你说"对不起！我错了！原谅我吧"，一次两次还行，但是说多了之后，那就不是对那个人甜蜜的惩罚，而是对你审美的压榨。

都说女人心海底针，确实女人心就是海底针。我今天希望你

道歉，明天我又希望霸道总裁爱上我，那你道歉有个什么用？

所以说定这种奇怪的规定，是限制了情侣在爱情当中、在恋爱当中的想象力和发挥。我要的不是这个制度化的先道歉，而是男生见招拆招，这样的爱情才是有趣的。

第二个危害，就是容易给男生造成一种错觉和一种错误的价值观。就是"女孩子嘛，吵完架之后，我只要先哄她，先道个歉就万事大吉了！之后我就该干吗就干吗了"的想法，这变成一种肌肉记忆，一种条件反射。只要吵完架就道歉，变成了上班打卡，完成任务。

但是女生要的是，你认清自己错误之后的一个诚意道歉，而不是随口而出的一句"对不起"或"我爱你"。

另外，要求男生先道歉的人，她们今天判断道歉的标准是什么？是男女，是生理性别。那你们就完全忽略了人的心理性别。有些女生心里就住了个男人，有些男生心里就有个傲娇的小公主！所以让男生先道歉完全没有考虑这群人的感受。

02

杨奇函
<mark>不道歉的女孩子就没风度吗</mark>

　　如果认为男生要先道歉是因为要有风度，那不道歉的女孩子就没风度吗？

　　男生一味先道歉，不让女性道歉，这是剥夺了女性施展女王魅力的机会。

　　你看我们今天的审美标准，都有什么？我们二十年前喜欢谁？喜欢紫薇，温良恭顺；今天我们喜欢谁？喜欢魏璎珞，杀伐果断，敢作敢当。二十年前我们喜欢白雪公主，喜欢找个白马王子罩着我们；今天我们喜欢冰雪女王，她是谁？她是一个不需要王子的公主。

　　所以这意味着什么？意味着如果你剥夺了女性优先道歉的权利，你非常影响女性发挥敢作敢当的魅力。

　　男生一味优先道歉，这是披着羊皮的大男子主义之狼。当两性在沟通、聊天的时候，男生一般吵完架，最多的心里话是什么？是"男人嘛！不要跟女人一般见识。女人嘛！自己的女人、女朋友，跟她讲什么道理"。

表面上这是你的男朋友，你觉得这是在宠爱你。实际上，他的内心深处并没有把你当成一个独立人格来尊重，而是把你当成一个不讲道理的二等性别，甚至是私有财产来对待。而健康的两性关系从来不应该预设谁更不讲理、谁更情绪化、谁更理性、谁是谁的私属品。男生一味道歉不代表爱你、尊重你。

有人会说男人征服世界，女人征服男人。我就纳闷了，如果一个男人不想征服世界，他就不配当男人了吗？如果一个女人不想征服男人，她就不配当女人了吗？不对！

所以对方不是压抑男性，也不是压抑女性，是压抑人性呀！什么叫人性？人性就是当我站在你面前的时候，你首先不把我当女人，也不把我当男人，而把我当成一个人。什么叫把我当成一个人？就是尊重我，尊重我选择生活道路和生活方式的权利。

我希望各位未来在人生中遇到的所有人，首先不是女人，也不是男人，而是一个不会对别人生活指指点点的好人。而我们自己在未来生活中，首先也不是女人，不是男人，而是一个自由快乐的人。

综上所述，男女谁错谁道歉。弘扬正气，追求公正，这叫忠；两性和谐，传宗接代，这叫孝；体贴彼此，愉悦身心，这叫仁；鼓舞他人，树立榜样，这叫义。让我们一起做一个谁错谁道歉、忠孝仁义的好青年吧！

03

陈铭
<mark>把规则前置，就能减少吵架</mark>

2013 年，我作为一个非常青涩的男孩，在一个舞台上作了一段演讲，叫作《女人永远是最佳辩手》。大致的内容是说，男人吵不赢的。女人不是辩手，是评委，女人永远是最佳辩手。我们输掉的是一场辩论，我们输掉的是一场争吵，但我们赢得的是爱！

2013 年的那个男人太年轻了！他可能在一段爱情的炽烈当中，但一听就知道他没有经历过生活。

那篇演讲播出之后，在真实生活当中发生的情况是，我老婆看完之后，不是很开心。她第一时间就和我说："你把你的形象树立得很伟岸啊！你这篇讲完，走哪儿别人都说你是绝世好男人，你真的是好男人！"

但她的形象呢？她在这篇演讲背后承受了什么样的形象？老是吵架，无理取闹，无理地争执，看起来她即便赢了，也是因为我在让着她。所有她吵赢的架，她都不觉得自己是吵赢的。

吵架这件事情，本质上是情绪的发泄。男生跟女生吵架，有时候并不是男人错，也并不是女生错，还有一种可能是第三方有错。有时候女生在其他地方受气，回来是想跟男朋友发泄一下的。

我在家里经常会有一种情况，比如说老婆突然下班回来，她把门一开，然后突然就说："陈铭你给我过来！"我说："怎么了？""你看你的鞋，东一只西一只，还要这么摆。隔这么远，是可爱吗？你为什么要这么摆？"

一个年轻的男人会第一时间认错。我就说了，太年轻！一听就没有经历生活，你们怎么那么单纯呢？

女生真正生气的点，永远不可能在吵架的时候跟你说出来，因为她会失去挖掘的乐趣。你一道歉就终止了！"咔！"一口老血堵在那儿。这就好比我跟你打辩论，我站起来说了一个论点，然后你说完一个之后，我说："我觉得你说得很有道理，你们赢了！"你心里憋住："我们还有三个论点呢！我还没说呢！你凭什么就输了！"

2018 年的男人，老婆一回来说："你的鞋怎么这么摆？""啪"把鞋踢开，不要管它，"老婆，今天谁惹你生气了？告诉我！"她就开始说："你真是问到了，我跟你讲，今天……"我说："你看，太过分了！明天我就去找他，我让他给你道歉！"这就叫谁错谁道歉。

为什么谁错谁道歉更有助于生活的健康？是因为谁错谁道歉，吵架会越来越少。男生先道歉，吵架不会变少，因为在爱情当中舒服的状态是没有一方委曲求全。看起来男方先道歉了，女方心里那口气憋着没发出来，男方总觉得反正我道歉了，今天我所有放下的尊严，其实日后在很多地方都是要找回来的。男生真的是一个非常讲究平衡的物种，所以这条路看起来是止损，却给后期埋下了无数的雷。

那这个对错到底该怎么分？我给大家一个小建议：规则前置，我们把规则定在前面。我举两个小例子，我们日常生活当中，最容易引发争吵的两个小部分。

第一个小例子。我跟我老婆结婚之后，面临过年时回哪边陪爸妈的问题。我们在结婚之前就定好了，我们俩一边陪一年。那生了孩子怎么办呢？孩子选！

我们把这个规矩定在前面，假设有一年轮到我到她家过年，但是我就是有私心，我就想到我爸妈家过年，不用吵，直接认错。谁错谁道歉！

还有一个最致命的问题是财务的问题，钱归谁？钱怎么花？这个问题我一般怎么解决呢？我让我老婆当了我的经纪人，因为我之前看很多新闻，发现如果老婆跟经纪人不是一个人，是很危险的一件事情。而她成为经纪人之后，既能够知道我的时间表，又能知道我所有的财务情况，所有关于财务的问题也都解决了。

我们把规则定在前面，你会发现后面的路就非常好走。为什么？因为在生活当中一定要把很多容易引发争吵的对错，在前面碰撞出规则。在这个过程当中，没有一种性别向另一种性别臣服，只有我们两个彼此向我们共同制定的规则臣服，而不是男生向女生臣服，或者女生向男生臣服，都不对！规则定在前面。

最后我想试一试一个爸爸的角度。女儿过来问我："爸爸，我在幼儿园跟男生吵架了，发生了争执，怎么办呢？"我该怎么跟她讲呢？我要跟她说："你不能道歉！记住，男生先道歉，你是女生，不要道歉！"还是应该跟她说："你们为什么吵架？谁犯了错？谁错谁应该道歉！"这就是最简单的道理，我一定会跟她说，谁错谁道歉。这才是对她未来整个人生漫长旅途更有利的一个选择！

导师结辩

导师 | 蔡康永

人跟人之间是有一个情感账户的

（内容来源：《奇葩说》第五季第九期）

大家有没有意识到，人跟人之间是有一个情感账户的。

当你在跟对方吵架而说出了伤害对方的话的时候，你在对方的存款簿当中的存款金额就在降低。反过来，当你道歉的时候，你在这个存款账户里面的金额会往上升。

这个是两个人在一起逃不掉的原则。你为对方做的每一件让他动心的，让他体会到你对他有爱的事情，都帮你加分。你做的每一件伤害对方的事，都让他扣分。所以，为什么我们今天的辩论里面把道歉讲成了一个这么负面的事情？为什么道歉在你们的字典里面全部都是认输、低头、认错？

如果你们从情感账簿来看这个角度的话，道歉是加分的事情。你应该珍惜这个机会，你每道一次歉，你将来可以从账户里面提领的金额就越多。你每吵一次架都让对方道歉，你的存款越来越少。等到有一天存款变成零的时候，就是对方离开你的时候，你再也无法挽回。

会谈恋爱的人要去看那个情感账户里面的金额还剩多少，而不要一味地从当中提领，任性地觉得你的钱永远都挥霍不完。两个人在一起，是为了爱。然后在你们的情感账户里面存入越多的情感，你们可以交往得越持久，你们会感受到越多的幸福！

▲ 男生先道歉

01

野红梅
男生只要一吵架，最喜欢讲道理了

第一点，男生先道歉和谁错谁道歉，不是同一个题目吗？女生怎么可能会错？

第二点，我们现在在吵架，吵架不就是不知道谁对谁错？所以你怎么分对错？我们现在是情侣，你把我追到手，你是来疼我的，是来爱我的，你是来跟我吵架的吗？你跟我吵架本来就错了，而且你还不道歉，那就是错上加错！今天我就让你知道什么叫规矩，什么叫体统。

男生只要一吵架，就喜欢讲道理。你在那儿跟我讲道理，你以为我听得懂啊？我又听不懂道理，你不要浪费时间。我知道男孩要脸面，他有的时候知道自己错了，他都不好意思道歉。没有关系，我可以理解你的。有的时候道歉不用说对不起，你可以给我买东西。这么多的新款，这么多的限量款，你随便买给我，我这个人很好说话，一个心意就可以了。

我要讲一个自己的真实故事。因为我很喜欢打游戏，我男朋友就跟我吵架："到底是我重要，还是游戏重要？你给我作出选择！"我就赶紧说："你不要这样说，你不要胡思乱想，当然是游戏重要！我没有了你，我可以打游戏。但是我没有游戏，我可以打你吗？"

最后一点，我要上升一个高度了。我不会因为今天我站在这一方，说男生先道歉，我就鼓吹找男朋友一定要找先道歉的。我们还是要遵从自己的内心，找自己喜欢的。

02

臧鸿飞
男人都是在吵逻辑，而女孩是在吵情感

我们为什么吵架？就是因为我们不知道谁错呀！我觉得她错，她觉得我错，才吵架，要不为什么吵架？为了锻炼身体吗？

练肺活量吗？我们是倡导男生先道歉，我们是在解决问题。

我活了四十多年，有一个人生感悟。我觉得，首先不要跟女孩吵架。我不是倡导女尊男卑啊，而是发现吵不赢。我从来没有见过一个男的会说："告诉你，哥们儿跟女朋友吵架，从来没输过！"没有这样的人，一旦有这样的人，肯定没女朋友。

所以我发现有三点。第一，在吵架的时候，男生和女生对于时间的认知不一样。男的怎么吵架？说："我觉得今天白天你这样不对！"但女生会以一种赵本山"昨天今天明天"的方式来吵架。"你说我今天不对，那你追我的时候，怎么不说呀？去年你说的那个事，前年三月那事，你还记得不记得？如果今天你说我错了，咱俩以后怎么过？五年之后怎么办？十年之后怎么办？我老了怎么办？"这个时候，男的面对一个八个时间点的问题的反应就是："啊？"所以这是我觉得吵不赢的第一个原因。

第二个是体力，体力赢不了。我来了《奇葩说》两年，觉得自己是很能说话的人。我曾经特别幼稚天真地以为，在情侣之间一定要分个对错。有一段时间我就觉得，我还吵不赢女朋友吗？我有两三次，就跟我的女朋友从晚上 10 点吵到了第二天中午 11 点。我就从"你怎么怎么着"开始，说到最后已经累得不行了。我不夸张地说，就是唾沫星子都是白的，当时感觉嘴上磨得都有皴。最后实在是吵不过。

第三点是一个认真的观点，就是我发现男人都是在吵逻辑，而女孩是在吵情感。有一次，女朋友跟我吵架，被我逮到了一个逻辑漏洞。我心想，你终于落到我手里了。我说："第一……第二……第三……"然后我心想，你还不服吗？

我女朋友抬起头来说："你为什么吼我！刚才那个事已经不重要了，生活中的小事重要吗？你现在告诉我，你为什么要吼我？"所以，既然吵不赢，先道一个歉，是最省事、省力、有效率的沟通方法。

你说两口子吵架，是谁对谁错？她觉得我打游戏时间长，我觉得她出门化妆慢。她想让我陪她看美剧，我想让她陪我看球。她嫌我不做饭，我嫌她不刷碗，这种事有什么对错？

其实很多时候，你完全没有任何错，都会给别人道歉。比如我在电梯上，我要下去，我会说："麻烦！不好意思！麻烦您，我过一下！"你下电梯，你有什么错？你在路上问路会说："大姐，不好意思！麻烦您，问一下××怎么走？"你有什么错？可是你道歉了。你去最好的朋友家玩，拿着点心，会说："叔叔阿姨，打扰了！"你又道歉了！为什么？因为道歉是礼貌，道歉是男人认为自己有绅士风度。外国人也一样，到哪儿都会有礼貌地说 excuse me。你在社会上，到处 excuse me，你回家不 excuse me 了？你回家给我改词，你回家告诉女方"错的都是你"，那样像话吗？

再说为什么需要一个人先道歉。在吵架的时候，你不管吵一个小时、两个小时，还是像我那么疯狂，吵 13 个小时，全是发泄和谩骂，没有任何有效信息。直到有一个人先道歉，这个时候才开始有效地沟通，把两个人拉回到理性的探讨上来。

但是我为什么要倡导男人先道歉呢？男人不是一直说自己是理性动物吗？我们是理性动物，为什么我不能先理性？大家都这么生气，你先让自己平静下来，说一句"不好意思，其实我做得不太对，今天是我脾气不太好"，有什么错？

有人会说，男人是理性动物有什么科学依据？没有科学依据，因为这是一个男人，在书里、在微博上到处吹了多年的牛，你今天就用你的行为来实践，证明我们男人就是理性动物，有什么不好？

我想说的是，每一个泼妇，都是在一次一次的吵架中锻炼出来的。而每一个淑女，都是靠一个男人的绅士风度一点一点培养出来的。你想要一个什么样的人陪伴你的一生？是泼妇，还是淑女？如果你想要一个淑女，我麻烦你先绅士一点，说一句"对不起"。如果你想要一个泼妇，那你就继续跟她吵下去吧。

03

詹青云
谈恋爱是一件特别辛苦的事情

我们承认，人是复杂多样的，每一对情侣都是不一样的。这个世界上有的男孩子温柔多情，也有的女孩子冷静直率。在这种时候，我们鼓励那些有男生特质的人，先道歉。比如薇薇姐和肖骁，两个人吵架了，我们完全可以让薇薇姐先道歉，这也能解决问题。

如果真的这么在意男生和女生这两个字，我们其实可以完全承认，女生先道歉，或是男生先道歉，都比谁错谁道歉强。大家仔细想一想，在混乱的秩序中，分不清对错的时候，需要有一个人来打破僵局。就好像有的国家的汽车都靠右行，有的国家的车都靠左行，左和右不一定谁更好，可是都比谁快谁占道好。

我们不要先急着谈平权，我们这道题是在谈爱情，是在谈在亲密关系当中该如何化解冲突。我们先要明确化解冲突的目标是什么。我们进入一段恋情是为了更好地懂得人世间的道理吗？是为了明辨是非，做家庭模范吗？不是！连《奇葩说》都不是一个辩论节目，为什么要把谈恋爱谈成一个司法节目？我们无论是吵架还是道歉，都是为了让关系更亲密。

所以我们今天寻找的，就是哪一种道歉方式可以更好地服务于这个目标。我们觉得男生先道歉好，因为我们会觉得，有的时候显得某一方更有道理，那是因为我们把生活当成一个个的独立事件去看。

可是生活是一个连续剧，它总是一环扣着一环。比如我今天不高兴跟我男朋友吵架了，我来《奇葩说》，我这么激动，结果他竟然一点也不鼓励我，我会说："你这人怎么回事？这么冷漠！"

我们要在一段连续剧里去追问谁对谁错，也是在追问谁先犯了错，一切都取决于我退回哪个时间点去看问题。为了分出这个对错，我们就要不停地回溯那些不愉快的过去。这个时候真正重要的是什么？打破僵局！

但两个人都在气头上，站在各自的立场上都觉得理直气壮的时候，靠什么打破僵局？态度！态度先软化，情绪先服从于理智。

所以为什么要男生先道歉呢？我这里是有科学道理的，从生理结构上来说，男人分泌血清素的速度比女生快。血清素是一种帮助我们平复情绪的激素，所以男生更容易从情绪里走出来。

从社会结构上来说，我们女生在这个社会上比较依赖于家庭关系，她在一段关系当中更缺乏安全感，所以她更容易沉溺于消极情绪。这个时候更快地从情绪中脱身而出的男生所给出的一句道歉，与其说是在认错，不如说是一种关怀。

我看到网络上有一个问题征集，就是问大家，你到底是在哪一个时刻突然决定可以和这个人厮守终身。结果发现都是一些非常非常小的时刻。就是两个人吵架了，然后这个男的做了一桌饭说，还是先吃饭吧，吃饱了才有力气继续骂我。或者是吵了一天，然后女生到厨房里一看，碗都已经洗好了，男生说，吵了一天挺累的，早点睡吧！就是这些很小很小的时刻。

所以道歉不一定是卑躬屈膝，不一定是昧着自己的良心说我错了。最重要的是传递不愿意这样继续争吵下去的妥协，是传递无论我们怎么生气，我最在乎的人终究是你。而真正能够讲明白道理的沟通，起始于我们双方都站到了同一边，而不是对立面。

我跟我男朋友吵了很多架，换作我在我的老板面前是完全可以忍住的，可不就是因为我跟你之间有不同于世间任何人的亲密，就是因为连接我和你的东西不是道理，而是感情，我才毫不压抑。结果你却要跟我分对错，这就是所谓的永远不要让你的女朋友冷静下来。因为她冷静下来了，你就凉了。

我很感谢有男生先道歉的这样一种提倡。如果有什么感受让我觉得自己在长大的话，就是我发现一个人越长大，爱上一个人就变得越难。在很长的时间里，我觉得谈恋爱是一件特别辛苦的事情。因为你在恋爱的状态里，会经历在其他时候完全不会经历的剧烈的情绪起伏。

在最初可能是剧烈的快乐，越到后来越变成剧烈的痛苦、愤怒、争吵，所以做心理测试时，我被认为是一个恐惧型的爱人。

我很感激我后来遇到一个安全型的爱人。安全型的爱人就是你放心地知道，无论怎样，他会拥抱你，他会先把我们拉到同一边，我们作为一个整体，去一起面对我们这段关系里的问题。如果我们分的是对和错，对和错是我和你，而性别在这个时候真的就是一个借口而已。我们还是我们，我们是一起去解决问题的。在长大的世界里，我觉得所谓童话般美好的爱情，也就不过如此。

04

教练｜马薇薇
内心强大的人容易道歉
（内容来源：《奇葩说》第五季第九期）

什么样的人容易道歉？内心强大的人容易道歉。因为他们知道，一次小小的对错不足以改变人生的方向。一次短暂的鞠躬，不足以改变所谓的家庭的地位。

今天我们探讨这个辩题，本质上是在探讨压抑的情感在男女关系中应该如何舒缓。

中国人有一种习惯，叫言行不一。一个人不能够言行一致地表达自己的情感，他们总喜欢用负面的方式，去表达自己正面的诉求。当她觉得今天工作特别不顺利的时候，她不会直接告诉你这一点。她会说："陈铭，你的鞋为什么没摆好？"

这个时候陈铭应该做的不是陪她吵上三个回合，让她得到心理释放，真正应该做的是鼓励她言行一致。要是她直接说："陈铭，今天我心情非常不好，因为单位有人欺负我了。"这不是一种更好的解决方式吗？

最后，人生很短，不要在吵架上浪费时间，而不在吵架上浪费时间的最好方式是不论任何借口，都做那个先低头的人。

导师｜薛兆丰

男方先道歉，这是很容易执行的规则

（内容来源：《奇葩说》第五季第九期）

博弈论说的是，在产生冲突的时候，你怎么能够尽快地打破僵局。

1960 年，有个经济学家叫汤姆·肖林。他说在谈判的时候，如果你要尽量地找到一个大家的共同点的话，我们可以找一个所谓的聚焦点。

比方说，我们说一年当中只选一天，没别的信息了，其他都是混沌的，我每年选一天，通常会选哪天？我们通常是会选1月1日。

汤姆·肖林说，如果我们在纽约见面，没说任何别的信息，那很可能我们最后就会在中央汽车站见面，这时候就尽量找一个共同点。

那么因为爱，我们吵架的时候，事先定一个规则。那就是大家到时候可执行的规则，所以男方先道歉，这是很容易执行的规则。

如果有一方先道歉，是不是意味着男方总是吃亏？

其实也不会，经济学原理说，只要你定了一个规则，就要永远执行这个规则。比方说税收，收房产税，总是卖房子的人交税。是不是卖房的人总亏呢？不会的。具体的买卖当中，他是可以把税款转嫁给买方的。最后是看买卖双方谁更在乎这桩交易，谁就多付费用。

那么男女双方，男生总是在结婚的时候先买结婚戒指，这已经是传统了！男生亏不亏？不亏。实际上那个戒指，是双方一起付的。谁付得多一点，谁更迫切想要结婚。所以这条规则，我们叫作法律无效定律。挺有意思的，就是法律怎么规定，规则怎么定，跟实际上谁多付没关系。所以拍脑门定一个规则，执行下去就可以了！

该不该
向恋人坦白
恋爱史

◯ 该向恋人坦白恋爱史

01

艾力

<mark>彼此坦白，不要将来成为彼此的负担</mark>

如果是正儿八经谈恋爱，想要执子之手与子偕老，那就是一段旅程。如果你对你的伴侣一点都不了解，不知道他过去去过什么地方，那你在那段旅程中也不会踏实。因此你还是希望能有所了解的。所以最好坦白，坦白永远是最好的策略。

假设我站到不坦白这一方，我们为什么不坦白呢？如果过去的感情经历是一张白纸，或者很简单，你肯定坦白。

之所以不坦白，就是因为过去的感情经历太复杂，要么就是情节太狗血，要么就是前任人数太庞大，必定是三者之一。

你可能只谈了一个两个，但是你们俩之间的事太狗血，你受伤受得太多，你不想让你今天的现任受到伤害，所以你不坦白。你是出于保护现任的目的。

那问题来了，你的现任听到同样的话，他会觉得被保护吗？大家的伴侣有没有说过：宝贝，我不告诉你其实是为了保护你。

恋人之间是平等的，压根儿不需要保护。不想说就是不想说，不要找保护对方的借口。更关键的是，你不说你以为对方就不知道吗？别人不会跟他讲吗？

要记住，你的故事被别人讲出来，那个情节可要比真实的故事复杂几千倍、几万倍！所以你最好一开始把你的正版经历告诉你的伴侣，这样盗版就没有生存的空间，他就不至于瞎猜，从而你们才会有更好的未来。

但是你会说，如果我真的坦白地说了，我在他面前没有任何保护，万一这段恋情失败了怎么办？万一最后我受伤怎么办？这确实是可能的。

我是特别理性的人，但我觉得这个真无解。如果你真的有一天看中了那个人，你说我这辈子就是想和她在一起，那我希望这个时候你可以卸下你所有的伪装，与她赤诚相待。你可以对她说："对不起，我可以为你戒烟戒酒，我可以为你改掉所有坏的习惯，而我唯一改变不了的是我的过去，没有办法。所以你如果能接受，我跟你一起携手。但如果你接受不了，我们就好聚好散，不要将来成为彼此的负担。"

所以要坦白。

02

樊野
<mark>坦白才会让我更好地爱你</mark>

我知道你的体重、身高、长相，你在我的心目中只是平面的。我只有知道你的过去、你的历史，你在我的心里才是立体的形象。

可能你会说："你不用爱我的过去，你就爱我的现在。"但是你有没有想过，那你为什么会跟我分享你的童年？你会跟我讲你小学、中学、大学发生的事情，是因为那是你的一部分，那是你的过去，你希望我知道你的过去。

你可能会说："我不希望你知道我的恋爱史。可能我跟你说的时候你会心酸，你会吃醋。"

但是，没有关系，也许你跟我说一段恋情的时候，你会红着眼，我会很眼红。那段感情影响了现在的你，也造就了现在的你。

也许你会说，过去的你不代表现在的你；你会说，可能过去你有很多恋情，你过去很糟，你现在不糟了。其实我是想知道你是通过什么事情变得不糟了，你是怎么在一段恋情里面改变你自己，你怎么成长了。

我有一个前任，刚认识的时候他有个怪毛病，他不让我碰他脖子，什么情况下都不能碰。可是他跟我认识久了之后，和我分享了他过去的一段恋情，他那段恋情里面有家暴，所以他非常介意，他很敏感，被触碰了就会勾起他过去的回忆。

所以当我知道这个事情的时候我会更理解他，我不会觉得这是个怪毛病，我会更想好好保护他。电视上出现这个问题，我会转台，朋友聊到这个话题，我会转移话题。

我想知道你的过去，我才知道你要什么，我知道你要什么，我才能给你。我知道你的过去我才知道你受过什么伤，那我才能保护你。我想知道的是，谁没能陪你到最后，而且为什么，因为我想陪你到最后。我想知道的是，当时的月亮代表谁的心，结果搞成那样，因为我想不一样。

所以，当我跑向你的时候，你身后那些脚印，请不要为我擦去。

03

陈铭
<mark>不坦白会成为心里的疙瘩</mark>

当我要谈恋爱了，我的恋人就会问我："你有没有谈过恋爱？"现在我在心里跟我自己讲："不，我不该坦白。"那我就只有两个选择，因为我不坦白，我一定不能说真话，所以只能要么说假话，要么不说话。

这两件事情都会有什么样的后果？如果我不说话，我就沉默。"那你谈过几次恋爱呢？你到底谈过几次恋爱呢？"没什么好说的。然后接下来你会说："你不要在意我的过去了，我爱的就是你的现在，你爱的就是我的现在。"之后他会在心里问自己："是，在一起很开心，可是，你为什么不回答这个问题？"

这是一个所有恋人一生永远无法消解的问题。

沉默换来的是猜忌，而爱情最坚定的基石就是信任。我们今天不谈爱情最重要的那件事情是什么，我们谈对爱情最大的伤害源于哪里。对爱情最大的伤害就源于不信任。今天，你的沉默换来的是不信任，爱情崩溃。

如果你选择说假话，那爱情中一旦出现了欺骗，后果就只有一个：一个谎言需要用一生来弥补！

这是一个信息时代，你可以删掉朋友圈上所有的照片，可是你删不掉你的圈子里关于你前任的所有记忆。如果你身边所有的朋友对你之前的男女朋友都没有任何记忆，那不叫恋爱，那叫偷情！恋爱是正事，是要出来吃饭的，是要出来跟自己的圈子交往的，你跟他交往你怎么可能不跟他的圈子交往？

永远会在那样一个午后，你碰到所有你这辈子都不想碰到的人，听到所有你不想听到的话，遇到所有你不想碰到的事。你该怎么办？你的恋人心中只有一个问题：你骗了我。如果这件事情你可以骗我，其他事情有没有可能骗我？如果所有的事情都可以骗我，我们的爱情在哪里？你为什么要骗我？

动机是最伤人的那柄剑。如果沉默换来的是伤害，信任没了，欺骗换来的那是更痛的伤害，信任更没了！何必呢！

我的建议非常简单，在开始之前，当你的恋人问你，你到底谈过多少段恋爱，你一五一十给他讲清楚。

我之前有这么几个女朋友或者这么几个男朋友，他们都做过了哪些事，跟我有哪样的经历造就了现在的我？如果你爱我并爱我的一切，爱我的过去，爱我现在的样子以及造就我现在样子的原因，请接受我的一切。如果你不爱我，尽早跟我讲，我也可以接受，我会痛苦一时，但不需要在未来整个人生中用无数个谎去圆当初那一个谎。

我不希望在我 80 岁的时候还在圆一个 18 岁时撒的谎，我希望的是两个人把真真实实、坦坦诚诚的生命融合到一起，共同谱写出未来的爱情，就这么简单。

04

柏邦妮
真实让我们相守一生

我想讲一个词叫"前史"。就是在我认识你之前，在故事之前发生的事情。

电影里两个人物开始让你觉得最感动的时候是什么时候？是他们俩开始交换前史，从现在开始，你知道这个人是什么样子，但你更知道他是怎么变成这个样子，为什么变成这个样子，你就能理解他的暴躁、他的温柔和他的泪点。

我讲讲我的故事。我的现任是一个奇葩，我一直想说服他来《奇葩说》。我们俩通过 QQ 聊天认识的。他给我打的第一个电话讲了两个小时，他跟我坦白了他的情史。但是他把故事讲完的时候，慢慢地我明白为什么自己会喜欢他，因为他真实。

真实有的时候是让人不那么舒服的，但真实它是一个特别坚实的品质。真善美，真在最先，因为真实是不会动摇的，那个所谓的美可能是虚幻的，但真实是可以让我们相守一生的。

导师结辩

导师｜蔡康永

坦白，让彼此分担

（内容来源：《奇葩说》第二季08-01期"该不该向恋人坦白恋爱史"）

我看过一段话说，当我爱上你的时候，你成为我最坚固的盔甲，可是你也成为我最脆弱的伤口。

爱一个人是把自己全部都交到对方的手里，他如果要保护你，他会成为你最坚固的盔甲，他如果要伤害你，你逃不掉的，你会痛得最深。

我对于谈恋爱这件事情不觉得有所谓的应该不应该，我认为那个是交战手册才写的东西。谈恋爱只有一个浪漫的想法，就是理想的谈恋爱状态是什么。

我觉得理想的谈恋爱状态是我身上如果背负着重担，我希望你是那个我可以分担这个重担的人。

如果我的过去是我的重担，我希望我能够放心地把它托付给你，跟我一起把它背下去。你背不动也好，你背了以后埋怨嫌弃都好，可是我希望你跟我分担，我一个人背得好累的重担。

所以我只能够说这个是我在谈恋爱的时候，我认为理想的状态。我的脆弱、我的空虚、我的疲倦，都可以在你这边得到休息。我不敢说该不该，每个人状况都不同，可是如果连谈一场恋爱，我都得逼着我自己算好每一分每一寸，算好将来我再变成别人的前任的时候，他会不会把我的点点滴滴去告诉另外一个人，如果要担心这么多事情的话，其实我们是在进行一场交易，而不是谈一场恋爱。

不该向恋人坦白
恋爱史

01

花希
女人要的不是真相

　　首先，如果你认为我们要坦白才能走下去，走得更久，那我觉得你坦白的不应该仅仅是恋爱史。

　　因为影响我们生活的经历有很多，我还需要向你坦白我的心理病史，我父母的心理病史，我父母的情感史，以及我的家族发展史，还有我们家的经济史。因为我只有把这些东西全部坦白给你以后，你才能更加充分地了解我，我们是不是这样才能走得更久呢？你把我当成一本百科全书，你要翻烂我呀？

第二，这个消息你就算不会说，别人也会过来说，而且别人过来说的时候添油加醋。我告诉大家，如果有人告诉你，你的伴侣有很多前任，你告诉他："我伴侣的前任关你什么事？你对我的伴侣的过去那么感兴趣，你是对我的伴侣感兴趣吗？你四、六级单词背了吗？你怎么那么闲呀？"

你以为女人要的是坦白吗？你以为对于女人来说最重要的是真相吗？不是。

能触到女人敏感神经的东西不是真相，而是她想要的真相。女人的观念里面会想你把自己的事情交代一下，当你坦白说你只有 35 个女朋友，并且你跟她们的关系很好，你女朋友仍会觉得你是不是还在骗她？你绝对还有没有告诉过她的人。她们心中对你的答案永远是存疑的，怀疑你坦白不到位。

那么该怎么办呢？女生想一下，你为什么想知道对方的情史？是不是想知道你在他的情史过程当中是不是最独特的那一个？是不是想知道你对他来说是不是跟别人不一样？他会不会因为相同的原因甩了你呢？女孩们需要确定的是这些问题。

如果你已经找到问题的核心了，男同胞们这个时候就该学学该怎么办了。既然女孩想要得到的是这个答案，你告诉她，拉着她的手对她说："亲爱的，遇见你之前我是看过很多风景，但是我遇到了你之后，你才是我的宿命，也许你的过去我没有办法参与，但我希望我的未来你不要缺席！也许以前的我不够成熟，但我敢保证，你现在所拥有的是最好的我，而我也很庆幸拥有你。"

感觉到没有？这个时候任何女生的心都会软，这个时候就有一个及格分数了。都是成年人了，有什么事不能解决，非要给自己添堵呢？

所以，最后再给大家一句忠告，能不做添堵的事情就不做，好的恋人不追问过去，好的恋人不怀念过去。

02

范湉湉
知道过去的话，现任容易产生对比情结

我曾经也是一个非常天真无邪、单纯、受欢迎的女孩，我也受过对方这样的欺骗。因为爱，所以我们坦白，把过去全部说出来。我想有道理呀，我都已经跟你相爱了，我不告诉你感觉我在欺骗你，我要告诉你。我就傻乎乎地把自己的过去一股脑儿地全部说出来。

结局是什么？我的结局是从此之后我男朋友的脑子里边把假想

敌具象化了，他原来只是猜测，可能我过去有过一点什么恋情，现在突然这个人有名字了，有长相了，这个人头发是长是短，他平时穿什么牌子衣服，跟你出去吃什么饭，他全都知道了。

"今天跟你出去吃顿饭，前任男朋友带你去吃过吧？那我们不去这家，去那家，我就不相信我挑的饭馆没他挑的好吃。"

从此我就活在地狱的深渊里。无论做什么事情，他的脑子里自动地就出现一张对比的表格。

所以说这件事情很简单，当你把你的情史告诉你的男朋友之后，他就一切都开始作对比，而且发生这件事情后，我心里暗暗地有点悲伤。

就像对方刚刚说了，我们过去情史多的话就不是好人。但你有没有想过，我们是所托非人。我不希望下面这个人还是坏人，我希望遇到一个好人。

解决方案是：当我碰到新恋人的时候，我就告诉他，从我遇到你的这一天开始，你就是我的一切，你就是我的新开始，我愿意为你变成一张白纸。

03

马薇薇
爱不能治愈一切伤口

当年林徽因跟梁思成结婚的时候，梁思成问过林徽因一个问题，这个问题是"为什么是我"。

林徽因说了一句话："你这个问题我打算用一辈子去回答。"这句话到底是真话还是假话？不对，这叫情话，它不能用真假来判断。

这意思是，我可能给你一个模棱两可的答案，甚至是一段略带虚构的历史，这不是真也不是假，我之所以愿意那么做，是因为我不想伤害你，为什么？你说想知道是什么样的过去造就了现在的我，你怎么样做才能不犯前任犯的错误，才能比前任做得更好。

每个人可能犯的错误是不一样的，他们的优缺点是不同的，你不要在现任身上去纠正前任犯过的错误，他们两个是不一样的人。所以坦白情史这件事情不会使现在的两个人变得更好。

有一种更残忍的情况。我的前任很渣，他不是很好，我在他身上受过很多伤，可能被家暴过。这个时候你让我坦白情史，说可以让我变成更好的人，你可以治愈我，这相当于我身上有一个深入骨髓的伤口，然后你告诉我，没关系，宝贝，你把它剖开，让我看看伤得有多深，让我了解一下你的病理结构，然后我再一针一针地给你缝上。好不容易愈合的伤，我想忘了它。

如果你真的爱我，你的那一点点猜忌，你不能忍吗？你愿意让我用再伤一次、再"死"一回去抚平你的猜忌？我们每一次分手，那叫前任吗？不，那叫前世。我们中国人讲，我活了这一生，死后过桥的时候要喝掉一碗孟婆汤。前尘皆忘，再入轮回，我才遇到了你，你何必让我醒过来？三生纠葛，几多痛楚。

04

肖骁
学会语言的艺术

拿我自己举例，我对我的现任也会坦诚，但是我绝对不坦白。我要 PS 了之后再告诉她。

分手是两个人的事情，我不可能完全一点过错都没有。比如说我以前爱泡吧，我爱喝酒，我会告诉现任，前任非要压抑我的天性。再比如说，我以前爱花钱，我就会告诉我的现任，前任不准我经济独立。

还有一种情况，我脾气不好，我就直接告诉她我们两个性格不合。这个时候你们告诉我这是不是骗她？这哪是骗她？我说的是实话，你一点语言的艺术都不懂吗？

如果这个时候你们告诉我，你这个禽兽，你凭什么去爱？可是你们一张照片都要 PS 过后才敢给你的现任看，情史咔咔讲实话，你傻呀？

导师结辩

导师 | 金星

你有你的过去，我慢慢去自己感受，但我不想知道

（内容来源：《奇葩说》第二季08-01期"该不该向恋人坦白恋爱史"）

在我的人生经历当中，我每次都坦白，为什么呢？这样我心里不累。

再举个最具体的例子。做了女人以后，我在欧洲我要不说的话，谁都不知道。那么多人追我的时候，我第一句话告诉他说，

你知道我是谁吗？我曾经是什么，现在是什么，你想跟我谈恋爱，想跟我约会吗？你要想好了。

这样，每次所有的发挥，我喝进去那杯酒，我抽那根雪茄，我看的风景是踏踏实实的，我不希望他因为紧张破坏了我的情感，破坏氛围。

所以说在我的情史中，我想说我都是坦白的，因为我落个坦然，这个坦然也支持了我一步一步走向所谓的你们喜欢的那个真。

但是今天我想给我自己上一堂课，我支持不该坦白是因为我想感受一下，如果我不坦白是什么样子。我先生追我的时候我跟他说过，全世界我是个最大的包袱，对任何一个种族，任何一个有文化的男人，选择和金星在一起是个大的包袱，我说你想好了，我的故事太多了。他说："每个人都有每个人的过去，我现在认识你了，我们俩拉着手，是往前走，不是往后退。你有你的过去，我慢慢去自己感受，但我不想知道。"

导师｜马东

恋爱不是做生意

（内容来源：《奇葩说》第二季08-01期"该不该向恋人坦白恋
爱史"）

如果你非要问我，我就坦白，但是你非要问吗？所以其实在
这一点上双方是一致的，这一点是什么？我们在追求爱情和恋爱
的有效性。康永哥说，恋爱不是做生意，即便不是做生意，它背
后也有经济学和效率在起作用。

为什么我们要谈恋爱呢？我们只有一个目的，是好好恋爱，
恋爱到一定程度也许结婚生孩子，因为只有好好恋爱，才有所谓
的一生幸福，这是我们最大的追求。

当以这个为目的的时候，坦诚和坦白之间的进退取舍，目的
只有一个，是好好恋爱。如果你需要我好好恋爱，需要我完全坦
白才能好好恋爱，这就是正方的观点，我就告诉你；如果是反方
观点，你需要我坦诚咱们才能够好好恋爱，而不必坦白，那咱们
就好好恋爱。

该不该
看伴侣
的手机

⚫ 不应该看伴侣
的手机

01

纪泽希
不要揣测在乎的人

我们当然不应该看伴侣的手机。

你去查看这个动作，就证明你很在乎、很爱他。什么东西你在乎，你才会精心地去揣测。

我不是让大家不要去在乎，而是要让大家在乎得比较有尊严一点！偷看手机这么低级的行为，好好的人不做，要做一只缉毒犬，每天在嗅，这是东北的玛丽的头发，那是台北的玛丽的香水。能不能活得高尚，能不能安静地做一个美男子，或者做一个安静的女神呢？

02

刘烜赫
给彼此留一条不容侵犯的底线

你想知道他生活中的点点滴滴，但是有的时候你又不好意思开口。

想想你们的电脑里、硬盘里，你们的文章、图片、视频，我们有一些事情不要说，兄弟不行，最好的朋友不行，父母不行，女朋友不行，我要在你心中留下一条我的底线。

过去我们把这些事情放在日记本里，所以日记本别人不能看。现在我们把这些事情放在我们的手机里，别人不能看。每个人心中都有这样一个空间，是别人绝对不能侵犯的。

03

艾力
<mark>爱需要信任</mark>

《圣经》说女人是男人的一根肋骨，即使是我的肋骨，它也可能不知道我的大腿外侧所发生的事情，任何一个人他都有基本的隐私权。

我想说的是，爱是什么？爱的第一点，最关键的一点，是信任。一个天天看别人手机的人缺的是什么？是安全感！如果你们真的看过对方手机的话，看过之后一般是什么情景？是两个人开开心心地继续呢，还是说多多少少有一些拌嘴，有一些吵架？

为什么我特别反对看手机，包括看短信呢？还有个特别关键的一点就是我们在沟通交流的时候，有 60% 以上的信息是通过语音语调去传递的。

举个例子。我今天脖子有点不太舒服，女同事发过来信息，"艾力，你脖子怎么样了？"我念的时候很正常。但是如果说我的女朋友去念的时候她会加上她的妒忌心，还会加上一点点的语气。

所以可能是一件很平常很普通的事情，但是看了之后就是件解释不清的事情了。

第二点，当我们期待这个人变成什么样的人时，这个人就会变成什么样的人。

比如说本来这个男生挺好的，但是你老查，最后男生就有一个感觉，你什么都查不到，干脆我真出点事让你查到算了。

我们每个人都会有这么一个想法，如果真的爱一个人，你就大胆地放心去爱，信任他。如果你要天天去看他手机，我建议你，早点换个人吧，否则的话这辈子就是在无限的不信任、彷徨与凑合当中度过。

04

姜思达
别看伴侣手机，伴侣的自拍让人眼瞎

我觉得手机里最重要的似乎不像是刚才双方讨论的，尤其前面的艾力，我虽然和他站在一边，但是我并不同意他说的话。他说的是一些风流韵事，其实这些东西现在不是手机里最怕被别人看到的，最怕被别人看到的难道不是自拍吗？

你们想一下，有的时候你自己的自拍你都不忍心看，更别说是你伴侣的自拍。伴侣看你的手机里你的自拍，你想自杀，你看伴侣手机里的自拍，你想眼瞎。所以在这种情况之下，还是别看。

△ 应该看伴侣的手机

范湉湉
因为爱情

为什么看对方的手机？因为爱，我们大爱无疆。为什么叫爱？

我们不是为了要查小三，凭什么以为我们查手机就是为了这些鸡毛蒜皮的事情？我老公什么时候出轨，我老公还没出轨，我不满意，你以为我们这么傻啊，我们是有智商的。为什么要看对方的手机？因为爱。

因为我们真的很爱对方，我们非常想知道他生活中发生的点点滴滴。比如，他的爸爸妈妈缺钱，家里发生了大事，他不好意思跟我开口，我看到了，我给他爸爸妈妈汇去了 10 万块钱。我是一个好老婆。

还有什么事情发生了？我的老公最近心里边很想知道我这个月想要得到什么样的礼物，他很苦恼。情人节要到了，不用苦恼，老公，我告诉你我要什么，我要钱。

我们做个现场测试，现场所有的人都跟我一起测试，我们扪心自问，大家拍着良心回答，看过对方手机的举手。真的没有？骗子！一定都有产生过想看的想法。那为什么要压抑自己的天性？看啊！为什么要压抑自己的本能？看啊！

02

马薇薇
把彼此打破，你中有我，我中有你

我承认这个世界上有一种东西叫隐私权，可什么叫伴侣？就是你我既然相爱，从此再无疆界，我愿意为你放弃一切权利，也请你为我放弃一切权利。爱一个人就是低到尘埃里，别说缉毒犬，草履虫我都愿意做。

你跟我讲隐私，你就是把我当成别人。结婚的时候，你跟我说:"无论贫穷还是富贵,无论健康还是残废,我们永远都共享一切!"你上厕所,我给你递手纸的时候,你不跟我讲隐私,看一下手机,你跟我讲隐私!

简单地总结一下:世界上有一个我,世界上有一个你,我们把彼此都打破,加了水,加了泥,和在一起,重塑一个我,重塑一个你,从此你泥中有了我,我泥中有了你,请把你的手机交给我。

03

肖骁
手机里存在让伴侣间感情不安定的因素

我给大家讲一个故事。以前我们很多女生觉得自己长得得天独厚,然后谁都看不起,说我就是自信,我就不看男朋友的手机。

我的两个大学同班同学,女生是我的闺密,男生就真的只是我同学而已。有一天这女生跟我说他们两个在一起了,我当时就跟这个女生说,我说:"亲爱的,他不是异性恋。"她还特别鄙视我。

事实证明我的判断真的是对的。有一天男生睡着了,他的手机响了,我这个女生朋友拿起来一看,是"陈老师",说老师找他,那我还是把电话接了吧,一接,一个非常浑厚的声音说:"老公，你在哪儿？"

当天晚上，他们两个就约在我们学校的操场见面，不知道的人以为是两口子吵架，听到的人才知道是小三和原配在对骂。

通过这件事情我们就知道别跟我们扯什么信任感，乱七八糟的东西该看就得看，我告诉你为什么我们说要看，我们要知己知彼才能百战百胜嘛。

不是说我们没有自信，而是我们要知道别人有什么是我们没有的。

导师｜蔡康永
让感情中存在危机感，继续保持紧密关系
（内容来源：《奇葩说》第一季之18进12第二场）

两个人在一起久了，其实很容易乏味，因为所谓的尊重，所谓的信赖，最后带来的那种距离感，渐渐的就没有办法克服。

当你从一开始就守定了这个规矩，就是你不看我的手机，我不看你的手机，你不过问我今天晚上去哪里，为什么半夜两点才回来，我也不过问你的时候，到最后就习惯成自然，大家都遵守这个规定。

而冷漠的规定会让两人的关系渐渐走到一个令人感到疏离和寂寞的状态，所以我有些朋友，他们互相干涉对方的生活空间，虽然不尊重对方的隐私，虽然被认为缺乏信任，可是给他们的生活带来很紧张的感觉。那个紧张感使他们生活在一起十年、二十年之后，依然维持了情趣。而那些互相尊重的冷漠的人，等到二十年、三十年之后渐渐地步入一个互相不闻不问的状态。

所以我纯粹是根据实际的经验跟大家讲，事情未必有我们想象的那么悲惨，互相干涉对方的生活，有的时候带来一种紧张的危机感，是可以让双方继续保持互相关切的那一种紧密的关系。

所以当你选择这个伴侣，这个伴侣想要跟你达到全面的沟通的时候，你就接受这个标准，要不然你就不要这个伴侣了，所以一旦接受我爱你而你给了我这个权利，千万不要用爸爸妈妈不能做的，伴侣就不能做来绑架所有的人。

恋爱中该不该改变自己，成为对方喜欢的样子

○ 该改变

01

樊野
爱情就是两个人为彼此改变

　　在任何生态环境里面，一个生物要生存，它只有两个选择：一个就是它改变自己去适应；要么它就迁徙、离开。这就是所谓的进化论。

　　其实我们《奇葩说》这个舞台也一样，我们每个人都多多少少改变了自己来适应这个游戏规则，不然我们就会被淘汰。

　　那一直以来我觉得爱情好像也是这样，因为我爱你，所以我适应你，我改变你。因为我不想你去别的地方，所以我也不想去别的地方。

但是我是一个非常非常鼓励大家做自己的人，因为我觉得如果这世上有唯一一个可以让另一半完完全全做自己的人，我希望那个人是我。

可是爱情有个很奇妙的前提，就是你会在一个非常短的时间内，发现这个人好多的优点，然后你就爱上他了。但是你需要很长的时间来发现这个人的缺点。

有一句话叫人活着赖着一口氧气，氧气是你，所以我爱你，你有一点点雾霾没有关系。我戴着口罩，我继续往前走，走着走着我看到臭氧层有一个漏洞，没有关系，我为你改变，我打着太阳伞。继续往前走，你又开始下暴风雪，没有关系，我为你改变，我穿上厚厚的衣服和雪靴。直到有一天我走过一面镜子，我看见镜子里面的自己戴着口罩，打着伞，穿着厚厚的衣服和鞋靴，我才想到其实原本我只是想做一个快快乐乐的水手，而我已经为你改变得面目全非了。单方面的日积月累的改变，耗尽了我对你所有的爱。所以我们能不能在爱没有耗尽之前，你看我爱你这么狼狈、这么辛苦的时候，你也拉我一把，为我改变一点点。

世界上唯一不变的就是变化。你天生要变的，今天的你一定不是昨天的你，你会为工作变，为家人变，为你的事业变，为什么你为了一个这么爱你的我不能变一变呢？

最后，一个人变一个人不变，这样是很辛苦的，会耗尽爱。

我鼓励的是两个人一起变。所以两个人恋爱就是在人群中看到了彼此，我们越走越近，我不介意我走得多，你可以走得少，但是你要动，你不能站在原地对我说："你怎么离我越来越远？"

02

肖骁
人生彼此重叠，很难不受对方影响

我先不聊爱情，我就跟大家聊改变。

我觉得当我们两个人彼此欣赏、彼此喜欢、彼此吸引走到一起的时候，我们的人生轨迹发生重叠，我们欣赏着同一片风景，我很难不被你影响，不为你改变。

比如说我来到《奇葩说》认识了一群好朋友，我跟马薇薇做朋友，我会觉得我自己变得理智了一点点。我跟范湉湉做朋友，我会觉得我自己变得洒脱了一点点。我跟艾力做朋友，我会觉得学好一门外语很重要。很多人问我为什么那么喜欢颜如晶，曾经我也问过我自己这个问题，直到有一天范湉湉的一句话点醒了我，她说："肖骁，你知道为什么你那么喜欢如晶吗？因为如晶身上有你没有的东西，那就是纯洁。"

但是大家知道吗？很多事情，我在颜如晶面前不好意思做。很多话，我在她面前不好意思说。很多时候，我们都鼓励自己说我们要做最真实的自己，但是大家有没有想过，很多时候最真实的你自己，往往是你最放肆，也最瞧不起的自己。

我每次回头看《奇葩说》中我自己的表现，都想给自己两耳光。这就是我对真实的自己一个非常客观的评价。所以与其说我喜欢颜如晶，倒不如我告诉你们，我更喜欢那个在她身边的我自己。

有很多人每天给我发私信，问我一些感情问题，我很少回答。有一部分原因是因为我懒，但是最重要的原因是，因为我不知道怎么回答。这个世界上是没有情感专家这个职业的。

我在每一段恋爱当中，改变的、学习到的都不一样。可能我今天很消极地告诉你，结婚不如养条狗。如果我明天恋爱了，我又可以很乐观地告诉你，不要压抑自己的天性。这就是每一段恋爱带给我的改变。

所以，我是一个抽烟喝酒说脏话的坏男孩。我知道抽烟不好，我知道喝酒不好，我也知道说脏话不好。很多时候，我们知道做很多事情都不好，但是为什么我们不去改变？因为我们太舒服了，我们懒得去改变。

我愿意有这样的一个人，让我爱上她，让我不再计较得失，让我不再心猿意马，让我不再随波逐流。因为我知道，当我爱上她的那一刻，我就已经遇见了最好的自己。

所以当有人告诉我，他们不愿意为对方作出一点点改变的时候，我不会说你们自私，我会说你们没有爱。

你有没有想过恋爱是一种磨合，我们改变不是说让我们变成充气娃娃，变成恋人幻想中的那个人。有没有想过我们两个人在一起，是因为我们被彼此的优点吸引。而我们到底能走多久，是看我们对对方缺点的包容程度。

如果我们在恋爱当中放弃一些自己坚持的原则，我觉得没有问题，但是我们会坚守一条底线。所以我要告诉你们的是，我们为对方改变自己，不是说希望他能留在我的身边久一点，仅仅是希望提高我们恋爱的质量。如果有一天他真的要求我改变，已经过分到触及我的底线，这个时候我们谈的不是改变，而是分手。

03

柏邦妮
每一个改变其实都是礼物

如果我们两个人想改善这段关系，我们俩开始聊天，我伴侣不可能这样对我说："邦妮，我们俩今天聊一下我们俩改善关系的问题。你觉得我们俩应该怎么改善？"他会这么问："亲爱的，你想要我变成什么样子？能不能说给我听一听？"其实是你们俩交流的开始。

所以说有的时候，当你说我改变了就是迎合对方的时候，其实你就已经把你们俩分出一个高和低了。你在用迎合这个词的时候，其实你把自己放低了，在一段平等的关系中无所谓迎合。

在我还是一个小女孩的时候，我觉得爱情就是运气，只要我够幸运，我就能找到适合我的人，一旦遇到他我什么都不用改，我们俩百分百默契，永远过着快乐幸福的日子。

当我作为一个大女孩的时候，我知道爱情不是运气，其实爱情是一种能力，爱情不是让你去找一个非常适合你的人，而是找一个好人和他一起慢慢磨合。

爱的能力是什么？其实就是改变的能力，就是知道对方需求并且愿意放下自己暂时的需求，去满足他的那个能力。当你有了这个能力的时候，你就不再是一个小女孩了，因为你的心里不再是我想要什么，你看到了一个新的词叫"我们"。

其实相爱并不是说你要在正确的时间遇见一个正确的人，而只是你在愿意改变的时候遇到了一个愿意为你改变的人。

我曾经以为，我为一个人改变会失去自我，我也有这个困惑，我觉得要不就全部，要不就全不，没有中间路线。后来我发现我这种心态不对，我错了，因为我把自己的自我建立在太细枝末节的东西上边了，牵一发而动全身。这个时候你的自我就是一堆又脆又硬的碎片。

一个良好的自我是什么样的？应该是一个柔软的、有弹性的大圆球。我的样子是我，但我不仅是我的样子。我的习惯是我，但我不仅是我的习惯。我的工作、我的爱好都是我，但我不仅是这些，我是全部的集合。所以当你有的时候跟我说想改变我的习惯的时候，我不要那么愤怒，那么玻璃心。何妨一变？何妨一改？何妨一试？就算我改了、变了，最后发现其实我们俩不合适，起码我得到了一个答案，这也是进展。

最让我感动的一句话是周迅跟我说的。我问她："你上一段感情最后是怎么样的？"她跟我说了一句话："我所有能做的努力我都做了。"

我当时就想，如果有一天我的爱情也不得不结束，我希望我可以非常骄傲地说：我能做的所有努力我都做了，我能做的改变我也都做了，我对得起我的这份爱情。

自我的"我"，其实是来到人世间，不断地经历，不断地改变，最后累积成结果。我们没有一个人来到这个世界上是成品，是完全成熟的，不用改变是不可能的。

现在站在这里的我，是我一个人的成果吗？不是，这取决于那些我遇见的人，我爱上的人，爱过我的人，他们改变了我，也被我改变。包括那些我当时可能不是那么情愿，但是我事后甘愿做的那一切，加在一起就是现在的我。

有一句话我特别喜欢，其实每个人都是来度化我的，而每一个改变其实都是礼物。

04

范湉湉
为对方改变让我感到开心

我想说一个很开心的故事，就是恋爱中没有一个男朋友想要改变我，都是我吵着闹着，特别想改变成他喜欢的那个样子。你们不觉得这是一件很开心的事情吗？这就是爱情。

有的时候，我会揣测，他从来没跟我说过喜欢长头发还是短头发，我尝试各种长度，看他喜欢我什么样子。可是在这个过程当中我特别高兴，我觉得满足了我自己所有的乐趣。

比如说我前男友喜欢音乐，我听了大概八千张唱片，现在我在音乐上非常厉害。

我有一个男朋友特别喜欢看电影，特别喜欢读书，我跟他学了各种各样东西，因为我想尝试找到一种"共同语言"。

我觉得恋爱像天一样大，每一次我为对方作的改变，我都是无比快乐和欣喜狂热地接受。我今年 35 岁，虽然他们都是过去式了，可是我身体里承载了太多的故事，承载了太多跟他们的回忆，还有为他们改变的那些优点。所以我现在有好多的优点。

我是一本读不完的书，挖不完的一口深井。这么美好的我，留给接下来那个男人，他是何其幸运。

导师结辩

导师｜蔡康永

改变是你爱情中美好的部分

（内容来源：《奇葩说》第二季08-29期"应该改变成恋人想要的样子吗"）

今天这个题目，我其实比较想要把焦点放在所谓对方想要的样子上。

我们不要把对方想成是别人，我们把对方想成是我们自己。女生跟男朋友吵架不开心的时候，心里面最常浮现的一句话是什么？你踩了一下脚，翻了一个白眼之后，你心中立刻浮现那句话就是：他为什么老是不懂我？他为什么这么不了解我？

这时候如果我飘出来说，爱情不是关于懂和了解，你们搞错了，你们会一巴掌把我挥开。你们在恋爱当中想要被懂，想要被了解，这个很重要。

所以当对方说"我不知道你想要什么东西"的时候，你也说不出来，可是你就是有想要的东西，请他去摸索。所谓对方想要的样子，是呼喊出来的吗？我认为不是。

如果女生们大声地呼喊说：我要你为我戒烟，我要你为我早回家。你们自己都会觉得不值钱了。

你们希望你们的另一半能够自己感觉到你要什么，然后做到那件事情。那个是爱情当中珍贵的、令你感动的部分。所以我不认同有人说的那些话，说"我为你改变"，然后会拿出来向你讨债，说"我为你做这么多，结果你都不为我做一点点"。我认为这是吵架的时候说的气话而已。

爱情的本质的确是在摸索对方现在处于什么状态，我能够给他什么。那你要把这个归到一个盒子里面说：这叫作我为你作的改变，你以后都欠我。我觉得大部分的人，谈完恋爱之后不会算一笔账说你欠我多少我欠你多少。我们谈恋爱是没有人在意还人情这件事，所以那个账是算不清的。

所以回过头来讲，爱情的本质应该是体会对方的需求，然后满足需求。那个需求是对方大声呼唤的，或者是暗中透露的，或者是像范湉湉一样，百般摸索摸索出来的。可是你摸索到之后不改变，这个在我看来是不可思议的事情。

我举一个例子。人都会衰老，最后哪一方弱下来了，另外一方就得变坚强。是变弱那一方在呼唤你，说你要撑住我，因为我现在已经弱了，我不行了。不用这样，你看他倒下了，你就知道此刻的他如此衰弱，需要你重新撑起来，变成一个让他依靠的肩膀。这就是改变，这个是爱情最美好的部分。

所以我没有办法理解，不为对方改变是什么意思。第一个，不要逼对方说出口，当他说出口的时候，改变就不那么美好。第二个，为对方改变后不要算这笔账。为对方作改变，是你自己的选择。

不该改变

01

陈咏开

尝试转换你的眼光，接受伴侣的特点

　　各位记得一个观点：人没有优点，没有缺点，只有特点。所谓的优点，只是我们把一个人的特点往好处看。所谓的缺点，只是我们把一个人的特点往坏处看。

　　一个人的特点是爱开脑洞。往好处看，跟他一起可以学到很多东西；往坏处看，跟他一起有很多话根本听不懂。所以优点跟缺点往往就像一个连体婴那样，在你铲除缺点的过程中，会不小心把你身上的优点铲除。

当你要求对方不再开脑洞的时候，不好意思，他不再说海德格尔，不再说向死而生。请问一下，在他的身边你可以学到任何东西吗？

所以在你改变的过程中，其实很多时候你没有办法得到你想要的东西，因为你换了另外一个特点。那个特点总有不好的一面。

所以为什么我们不建议改变自己成为伴侣想要的样子，原因就在于这是一条走不完的不归路。缺点是改不完的。这个时候大家问我，那万一我们合不来怎么办？学会欣赏，发现伴侣最美的那一面。

我们在恋爱开始的时候，为什么我们不会希望伴侣改变？因为他们把最美的一面摆在我们的面前。可是随着时间的推移，我们觉得最美的一面我们有点看腻了，于是我们就看到了最丑的那一面。当初我爱上他，因为他够大方，结果我大方看腻了，我开始嫌他浪费钱。当初我爱上他，我觉得他勤俭持家，结果看腻了，我觉得他吝啬。

在这一个不断改变的过程中，很多时候你会发现你的伴侣怎么改都改不完，所以要改的不是你嫌弃你的伴侣，要他为你改变，而是尝试转换你的眼光，把你伴侣最美的那一面摆在你眼前，这才是爱情真正的相处之道。

02

邱晨
如果我爱你，我舍不得让你改变

这个题目说的是：我们要不要在恋爱中改变成对方想要的样子。

它至少有两个前提，两个关键的问题：第一是怎么改？第二是为了谁?

我们先说怎么改这个问题。我们认为恋爱中你可以随便改，但是怎么改，改成什么样子，并不应该取决于对方想要什么。

举一个例子。我是一个设计师，每一个初入行的设计师，最害怕的一句话就是客户说：我想要你改一改你的设计。这是一条不归路。

比方说客户说你那个字能不能再大一点？当我把字改大了的时候，一行放不下。客户又说想要一行放下，那我就要把那个字压扁一点，这样字会看不清。那客户说想要看清楚一点，我就要把笔画改得细一点，而对方又会说怎么看上去这么细。

这是一条不归路。如果我们总是听客户的话，客户不满意，我也不开心，这是为什么？客户没有错，错在设计师。因为一个好的设计师，他不是要听话，他是要体察客户每一句话背后真正的含义。

在恋爱中其实也是一样的，因为要求和需求其实是两回事，你的恋人说她要买，你给她买了所有她想要的东西她可能还不满意，因为她的需求实际上是：我内心很空虚，我需要填补。所以在这样的情况下，你听话是做不了一个好恋人的，你必须体察她的需要。这就是第一点，我怎么改，跟对方的要求没有必然关系。

第二点，为谁，这才是最重要的。我认为在恋爱中改变没有问题，工作中、恋爱中你可以改来改去，改成什么样都可以。可是不要把所有的改变都归因到对方的身上。我们是自由恋爱，没有人逼你，所以在这个过程当中不要谈什么牺牲，我们只谈选择。

这就是我今天想特别说的一点，你可以作任何改变，但不要做这个归因。因为这会给你们的爱情增加无数的负担。我已经为你改变成你想要的样子了，我已经完全抛弃了我自己，现在的这个人是你要的。所以这个人以后做错的所有事情，都跟我没关系，都是你的错。以后所有的问题都是你的问题，你永远欠我的。

所以在这种情况下，你为对方做的每一点小小的事情，在争吵的时候都会成为一颗一颗飞向对方的子弹，让这段关系鲜血淋漓。

你看吵架都是什么样子的。所有人都耳熟能详，就是那种我为你做了一桌子菜，你为什么不满意？我为你来到这个城市，你为什么还要生气？我为你抛弃了我自己，成为了你想要的人，你现在还要抛弃我，你到底想要什么？

恋爱中你灌下多少鸡汤，就会洒下多少狗血。让我们想一想这到底是什么样的问题，如果你真的爱一个人的话，你就跟他说：我无论作任何改变都不是为了你。这听上去很薄情，可这才是真真正正的深情，因为我如此爱你，我甚至都舍不得让你欠我任何东西。

03

周玄毅
希望双方都做一株并不完美的狗尾草

我真的很喜欢《奇葩说》这个节目，所以我特别想为这个节目改变某些东西，结果就变成一个坑了。我喜欢这个节目，我爱它，所以我愿意为它而改变，可是最后就是很失败。

所以今天我要做一件事情，我今天完全不为这个节目改变。现在大家不要觉得这是个《奇葩说》的舞台，我就是一个大学教授，我给大家讲课。我给大家从几个方面去分析一下。

第一：逻辑。就是你让别人改变成你想要的样子，别人也会让你改变成他想要的样子。而且最关键的是，你为什么就不能改变自己想让别人改变的想法？它不是绕口令，它是告诉我们，当你想要为对方而改变，而且你觉得对方也希望你改变的时候，对不起，这个时候你开启了一个不同的模式。

人与人之间的相处其实是有模式的。你在听一个大学教授讲课的时候，你有一个模式。你在听一个喜剧演员讲课的时候，你有一个模式。那么在我们相爱的时候，我们应该开启的是什么模式？所有人都没有讲。应该开启的是相容的、包容的、互相欣赏的、互相去发掘对方优点的模式。

可是当你说我为你改变一点的时候，你有没有一个很自然的想法，就是你能不能也为我改变一点点？我为你做了饭，你能不能为我洗衣服？我为你戒掉了网瘾，你能不能帮我戒掉淘宝？

我们这个时候，就从一种互相包容的模式变成了说得好听一点是鞭策和激励，说得不好听一点叫互相挑剔的模式。而就算是激励，它真的是我们恋人之间相处的一种模式吗？

爱情，毕竟是我们人生中的一个休息的场所，它不应该是一个竞技场。所以看起来是一个改变的问题，但是归根到底是一个模式转换的问题，我不希望大家陷入一个错误的模式。

第二个，我们在相爱之中改变自己，去迎合对方，它的方向是什么？

我来举个例子。古希腊神话里面有一个仙女叫"回声"，就是"回声"这个词。"回声"爱上了一个美少年。她爱上这个人之后，她真的是为对方放弃了自己的所有，她成为对方的回声。可是这个时候她获得了爱情吗？不，她获得了一个丧失自我的结果！而纳西索斯这个人他获得了爱情吗？不，他获得了一个自恋的结果，他最后变成了一株水仙。

　　所以当我们开启一个"我为你放弃我自己，我为你成为一个回声"的模式的时候，最后你们的方向是成为一株水仙，陪伴着一些回声。而且水仙还不开花，它还装蒜。你希望的不是在水边有一株水仙花，然后它身边围绕着无数的回声，也丧失了自我。我们希望的是，哪怕你们做一株并不完美的狗尾草！

04

马薇薇
改变是为了自己，不为别人

　　你在爱情中作的一点点改变、一点点牺牲、一点点调整都是为了对方。可是这个时候，你会让对方背上超沉重的枷锁。像樊野说的那样：我都为你变了这么多，你能不能为我变一点？

这时候我们互相变成了什么？你把你的人生赌在这个人身上，他不仅负自己的重飞翔，还要负你的重飞翔，这个人活得很辛苦。你包容，你宽容，让对方显得特别不好。

"宽容"和"包容"这个词一旦说出来，你们发现有一种居高临下的俯视感，叫作"你不行，你不好，不过我忍你"。你能忍多久？对方能忍你多久？这份情他怎么还呢？

我想给大家讲的其实是一个非常简单的道理，是我经历过婚姻的离别、生死的离别，得出来的一个道理，未必可以普适，给你们做一个参考。我这一生，我所作的任何改变，都是为我自己。任何人都不欠我的，所以我从来不骂我的前任。我也希望你能够理解，我这个改变失败了，因为它是我自己乐意，我也不会怨恨任何人。我相信这是一条比较难走的路，可这是为自己负责的路。

导师结辩

导师｜金星

我们都想找一个合适的、准确的人

（内容来源：《奇葩说》第二季08—29期"应该改变成恋人想要的样子吗"）

人有那种荷尔蒙冲动，开始要找另外一半的时候就进入一个恋爱状态了。为什么寻寻觅觅地去找爱情？因为我们都想找一个合适的、准确的人。当你面对那个人的时候，永远只能看到180度。恋爱是180度，通过恋爱我们慢慢转身，我希望他能接受我的360度。有的人在转身过程当中，已经不合适了，就分开了。

我也出现过飞蛾扑火的情况，当我飞蛾扑火般找到了我的爱情的时候，最后那个人不要我了。因为他说他要的就是原来那个我。从此我就得到了一个经验，每次我谈恋爱的时候我先把我的缺点告诉他：我就这么一个人，如果你能接受，咱俩继续交往。如果你不能接受，大家就到此为止，还可以做个朋友。

两年前我写了一本书，书名叫作《我不想改变世界，也不想被世界改变》，这一点在我的爱情经历上也同样适用。一直到我36岁的时候，碰到了我的先生，38岁嫁给他，就是因为他包容了我，接受了我所有的一切。

曾经我谈过的一个男朋友说："你干吗要提你变性经历？你可以嗲嗲的像我认识的那个样子，很性感就可以了，我不要知道的。"我说："你不知道，你愉快了，你满足了，但我是痛苦的，因为那个不是真实的我。"

当这份爱情发展到 360 度无死角的时候，你不要改变，要真实地面对。而且真正的爱情是，为了爱情我愿意往后退一步，他也退一步，每个人在退一步的时候，情感在叠加，最后两个人是合适的，齿轮是合适的，可以转起来。你们俩可以走向另外一个阶段，就是婚姻。

所以说，爱情并不是说我为你改变，而是你要了解我，理解我。所有的爱情都有一个理由，就是我们要找合适的、准确的，而并不是为了改变自己的爱情。

如果有个按钮，可以看到伴侣有多爱你，你要不要按

○ 要按

01

傅首尔
<mark>按钮就是用来按的</mark>

要按。我的第一个观点非常深刻，为什么要按？因为按钮就是用来按的。我忍不住，我是一个求知欲非常强烈的人。现在有一个可爱的小按钮，不仅能告诉我是与否，还能告诉我多少，你们跟我说不按？你以为你能忍得住？每天问自己一万次按还是不按，你很闲吗？人生有多少重要的事情等着我们去做，早按早清醒，不要浪费时间。

给你一个钮，你不按，回头又问天问地问伴侣。藐视科技，此为不仁；伤害伴侣，此为不义；患得患失，此为不智；压抑自己，此为不勇。不仁不义不智不勇，不配谈恋爱。

第二，为什么要按这个按钮？因为轻轻一按，很多复杂的问题都可以简单化。爱情里有两件事：一是想尽办法证明我爱你；二是想尽办法求证你爱我。恋爱的过程，就是不断证明自己的同时测试对方，同时把别人的妈妈扔进水里N多次。手段原始，方法拙劣，而且还没有效果。

好久没有跟大家分享狗血案例了，我们一起来看一看。第一条，江苏某男子为了示爱训练鹦鹉，教它练肉麻的诗，因为练习量太大，一个月后鹦鹉累死了。第二条，纽约男青年为了向女友求婚自制霓虹灯，女友被电晕惨遭分手。第三条，安徽主妇为了做出丈夫爱吃的红烧肉，半夜在厨房苦练技术，三个月后主妇体重增长30斤，红烧肉做好了，老公也二婚了。

是不是劳民伤财？一骑红尘妃子笑，吃胖了贵妃，跑死了马。其实真的未必那么爱吃，但是心意到了不吃又不行。猜来猜去，其实都是为了证明爱。

还有《封神榜》，大家都看过吧。一个男人整天都被一个狐狸精骗，有了这个按钮，一切都不同了。如果我们有了这个钮，我们就能避免被骗。而且因为人手一钮，伴侣在爱情里也能变得诚实一点。有的男人早上出门跟你说"我爱你"，晚上回家说"我更爱你"，你怎么知道哪次是真的？有了这个按钮就不一样了，你就知道了。早上出门 90 分，晚上回来 20 分。说明什么问题？办公室有个小妖精。第二天早上又回到 90 分，说明什么问题？有贼心没贼胆，小妖精手段不怎么样。

像不像天气预报？是多云有妖气，西南风五级可能有阵雨，请各位妻子做好防潮工作。这就是我的第二个观点：既然爱情是必须被证明的，为什么不能干脆清清楚楚地证明它？

第三，我想说说我自己，如果有这个钮，我按不按？我肯定会按的，因为我想让我的老公感到惭愧。如果我的分数高，他必须惭愧，为什么输给我？后半生必须做牛做马地超过我。如果分值低，他更应该感到惭愧，我都不怎么爱他，还对他这么好，说明我是一个责任感多么强烈的人。

所以这道题其实讲的就是爱情的量化。在现实生活中爱情是不可能被量化的，但是如果真的能被量化，你愿不愿意面对它？这是我今天想问的。我们每个人都应该在爱情里学习成长，学习去面对落差，面对变化，面对我们特别爱的一个人，但是他就只能爱我们那么一点点。当有一天你能够平静稳定地面对一段感情的时候，你会按下去，因为你会对自己说：数值无论是多少，我愿意就好。

颜如晶

如果有这个按钮，可能它可以教我一些东西

按钮是一种新科技，奇葩星球好多新科技。所以有新的东西大家不敢尝试，害怕，是正常的。

大家怕的一个主要原因是什么？按了之后，就会有既定的结果，然后不敢面对这个分数。我来告诉你们，钮的分数是可以变的，因为爱情本来就是一个变量，谁告诉你只能按一次？我卖这个产品的时候，我就可以建议我的客户一定要多按几次，因为关键不是按的第一次，重点都在下一次。

这东西就像什么呢？就像考试，我们都考过吧。这次考试考砸了，人家问你的时候你怎么答？下一次我一定会考好的，下一次我的分数一定可以很好的。钮也一样，这次按的时候 60 分，下一次 90 分。

这中间是怎么变的？靠你的努力去改变，你看他的脸本来只有两分，他努力之后勉强两分半。这东西就是靠你的努力去改变，但是如果没有这个机器在，他可能一直觉得自己满分。没有测量清

楚，猜疑，还不如你知道自己真实的分数，下一次更努力去做。

还有第二个论点：我们的爱情被这个钮的分数主宰了。它不会让我们失去辨认爱的能力，这一观点只是一个参考。按出来的分数只是一个参考，爱的分数，跟爱的表现方式是两回事。

肖骁对我的爱，我看应该还蛮高的。但是我非常不喜欢他的方式，他太过黏糊了。又浮夸，又肉麻，所以我还是拒绝他的。他的分数是很高，但是不代表我一定要喜欢他，所以这个分数其实只是一个指数，给你的参考之一。

既然多一项参考，为什么我们不用呢？所以最终这个按钮其实就是一个工具。我是没有爱过任何人的，所以这个按钮可能可以让我辨认。你说每个人都有辨认爱的能力，我好像没有。不知道为什么，可能是因为没有生活经验。我一直都是只爱辩论。但是如果有这个按钮，可能它可以教我一些东西，教我分清什么叫仰慕，什么叫欣赏，什么叫依赖，什么叫爱。所以我觉得其实这是一个很好的工具。我们怎么理解这个工具，怎么使用这个工具，权力都在我们自己手上。

这场比赛很残酷，这个舞台很残酷，因为你们每个人都有钮。你们手上的啪啪钮就是这个钮，每一个人上来都要站在这里给你们考验一次。看你们爱不爱我，爱不爱我刚才说的话。但是我每一次都敢上来，给你们按，没关系，给的分数本来应该是零分，每给一分都是加分。

03

教练 | 马薇薇

这不是一个普通的按键，
这是一个沟通的按键

（内容来源：《奇葩说》第五季第八期）

我方的论点非常简单粗暴，因为我们认为这不是一个普通的按键，这是一个沟通的按键。

其实这个按键你每一次按它的时候指数都会有波动。的确会存在一些文艺青年，就是无论对方爱不爱自己，他们都会一往情深、死心塌地地爱对方。这种男孩其实是不会怕按这个按键的，因为不论得出来的数字是几，都不会影响他对对方的爱意，说不定还会有意外的惊喜。你对我居然是 100 分，只是你不善表达而已。出现了悲惨的结果，对他们也没有任何伤害。可以促进毛不易写歌，可以促进李诞写段子。

我们紧接着再讲第二个点。就是有一些人对别人的爱意，可能会随着别人对自己的爱意指数的升降而波动。比如说你爱我比较多的话，那我也会爱你比较多；你爱我比较少的话，那我也会收起我自己的爱进行自我保护。对于这一类人来说，其实他按这个按键也非常有效。因为你可以调整爱人的方式。在这样一种情况之下，我们是可以用这个按键来沟通，并且了解对方的。

第二种情况，沟通键可以让我们了解自己。

其实有的时候，我们并不知道自己对一个人到底爱多深。抑或是，我们其实并不知道我们跟这个人在一起，到底是爱，还是依赖，还是习惯，还是崇拜，甚至是不得已，我们不知道，但是生活的惯性逼着我们跟这个人继续在一起。这个时候我希望对方按我这个键，我希望他知道我是否真的爱他。如果他发现了爱情的真相，就是我没那么爱他，他可以痛快地离开我。又或者他是一个积极争取的男孩，他可以改变爱我的方式，让我变得更爱他一点。又或者他是一个一往无前的男孩，他觉得我爱他多少并不重要，只要他爱我就够了，那我们的爱情也会变得很甜蜜。在爱情中有很多话是没法沟通的，所以我们喜欢用什么沟通？我们喜欢用礼物沟通，我们喜欢用诗来沟通。

如果一个键是一个指数，它的波动就像血压计一样，让你们了解彼此爱情的健康状况，从而调整你们的爱情状况，那么我认为这个键就值得按下去。

04

教练｜黄执中

所有人都会尽一切努力，
让人类面对他想要见到的真相

（内容来源：《奇葩说》第五季第八期）

真实不会伤害你，会伤害你的，是一个人对真实的解释。

你解释这件事的说法，会伤害你。比如说失恋，失恋就是一个客观的事实，失恋没有手没有脚，它不会拿刀来砍你，让你好痛。你失恋为什么会痛？因为失恋代表了什么？代表你不值得被爱。代表你做错了，代表你被骗了，这个时候你受到伤害。谁在捅你？就是你认为失恋代表什么这件事情在捅你。可是如果对我而言，什么叫失恋？失恋代表我学会了，代表我增加了人生可能必有的体验，代表我终于知道自己要什么，这未必是伤害。

而失恋毕竟只是失恋，我们每个人都会面临真实或真相，它会不会伤害你？没有人伤害你，只有自己会伤害自己。

你按了以后出现一个数字。想一想什么叫爱？按出来的数字对我们而言又意味着什么？我听过一种很不错的解释，可以跟大家交流一下。它说什么叫爱？什么叫恨？恨就是我想伤害你，我有多恨你，就是我想伤害你到什么程度。什么叫爱？就是我愿意让你伤害我，我有多爱你，就是我愿意让你伤害我到什么程度。而你只要是用这种方法来理解爱，出现了一个数字，你是不会觉得沮丧、绝望、痛苦、委屈的，那数字不管多少都无所谓，因为那数字告诉你，我愿意让你伤害我到什么程度。

所以没有什么数字会伤害你，因此我们在讨论什么？讨论我们要不要去面对真实，怎么去面对真相。好的解释让你能够面对真相，坏的解释会让你想要逃避真相，你知道什么叫终极的逃避真相吗？叫作"你为什么让我知道"。

如果你保护自己的唯一方式是你不知道别人有多爱你，那你幸福的权利是掌握在谁的手上？在别人的手上。因为你丧失了对这件事情的解释权。

你之所以还能够不委屈、不伤心、不绝望，你之所以认为你现在不会得到悲剧结局的唯一理由，是因为"好险"这个按钮没发明出来，可是它迟早会发明出来。我们每个人面对的一切将随着科技的发展越来越进步。我们需要练习的就是如何面对越来越多可能出现的真相。因为如果你不愿意付出面对真相的代价，那你就会在未来生活中，付出不愿意面对真相的代价。

不愿意面对真相要不要付出代价？要。在我的微博上，不知道是为什么，常常有人问我感情问题，有些问题很蠢，有些问题很低能，他们痛苦什么？就是痛苦那些老问题：这个男人到底爱不爱我？我要不要去看伴侣的手机？他爸妈这样对我对不对？这都是同一件事，说明其实我们都想知道彼此的真心。

跟各位报告，我们会尽一切努力，科学家也好，心理学家也好，所有人都会尽一切努力，让人类面对他想要见到的真相。世界上没有什么力量可以让这个真相永远不存在，只要它存在，我们就能找到。今天你会相信科技，明天你将会更相信科技。所以你不练习面对真相的能力，你躲不过的，迟早有一个你不想面对的真相会慢慢出现，你能躲到什么时候？练习让自己面对真相时产生一个好的解释，而不是去躲避它。

什么样的人不会去做健康检查？认为"生死由命，富贵在天"的人，认为反正"人生自古谁无死"，无所谓的人，潇洒的人。

我们在听这样一段话的时候，我们也以为自己是个潇洒的人。因为我们会为潇洒的事情鼓掌。其实不是，你们都谈过恋爱，不管是正在还是曾经，我们都知道自己从来不是潇洒的人。

午夜梦回，挣扎要不要看另一方手机的时候，其实你没有想象中那么潇洒。你在此刻抛开一切的烦恼，进到我们的辩论场中，你会为那些潇洒的人鼓掌。可你回去后还是会按那个按钮，最终你都会按。

我突然想起来在天文望远镜发明之前，我们人类对宇宙好奇，对天空好奇，可是科技发达了之后，我们的好奇心消失了吗？没有，好奇心变得更强了！我们不只是单纯地幻想云朵上有神仙，我们想知道宇宙外是什么。我们如果一直都不想要按这个按钮，一直都不想要去了解我们人与人之间的情感究竟是怎么回事，我们不往前走，我们会用一个很漂亮的壳，把它装起来，称之为浪漫。

浪漫是我们用来面对一切无能为力和未知的时候一个最安慰自我的方式，因为反正我不知道答案，而且我故意误以为不知道答案的才叫浪漫。不是的，那些努力想要知道宇宙是怎么回事，咫尺之间的我们是怎么回事的人，是另一种浪漫，只是我们还没体会到。所以，你必须按，才有机会往更深远的、更核心的浪漫前进，而这不是我们现在所能想象到的那种好奇心。

导师结辩

导师｜蔡康永
爱里面充满了误会

（内容来源：《奇葩说》第五季第八期）

我们今天的辩题是有这个按钮要不要按，而不是要不要这个按钮。所以按钮已经存在。我觉得要按，重要的是什么时候按。随着年纪一岁一岁增长，你会发现爱情不是人生的全部，可是爱情为什么让我们这么累？爱情为什么消耗掉我们这么多的心力？因为爱里面充满了误会。

我很少看到无怨无悔的爱情，我看到的是患得患失的爱情。谈恋爱的人为什么会患得患失？因为弄不清楚状况。我们最累的就是想要搞清楚到底现在是什么状况。女生陪一个男生度过了 20 年之后，为什么会哭着对他说：我把我人生最好的 20 年都浪费在你身上。因为她没有及时知道她应该知道的状况。

爱情让我们这么累，就是因为我们耗费极大的心力想要搞清楚到底发生了什么事，但搞不清楚。所以这个按钮，不是只叫我们改进，这个按钮要我们学会什么时候放手。

有的事情可以努力，有的事情无法努力，就像张爱玲写的

《倾城之恋》。男生一直在用调情的方法勾引女生，而女生因为战乱、家庭经济的关系，一直只想找一个有经济能力的男人。直到战火来临，把整个城摧毁，男女双方才把整颗心都掏出来，这叫作倾城之恋。摧毁的城，就是这一个按钮，把你的感情逼出来。

西方的文学经典《傲慢与偏见》，傲慢讲的是男方的傲慢，偏见讲的是女方的偏见。男女双方因为傲慢与偏见，互相耽误了非常多的时间，直到最后，在作者的仁慈之下，他们互相知道了对方是爱自己的，而且是可以在一起的。

可是你回顾你的人生，有多少次恋爱是因为误会，使你错过了你应该爱的人。我们讲的不是一个真实的按钮，而是这个虚拟的按钮，它代表着如果我可以不耗费这么大的心力去面对爱情当中这么多的误会的时候，我会省下足够的心力来经营爱情。这是这个按钮重要的原因，它让我们避免了爱里面的误会。

 **不要按**

01

沈玉琳
任何东西只要有摄影机介入就不会是原来的样子了

　　我知道这个问题很难抉择，但在遇到难以抉择、难以决定的事情的时候，老祖宗有一句话可以很好帮你作判断：己所不欲，勿施于人。

　　你会希望你的伴侣按吗？我不敢，吓死人。我认为这个道理跟之前我们讨论过的看手机的问题有关。你不想要人家看你的手机，首先你就不要去看人家的手机，你不想被人家偷看洗澡，你就不要去偷看人家洗澡。对不对？这不就是道德，这不就是制定法律的一个原因吗？再讲这个钮，如果真的有这个钮，保证敛财。

因为这是一个不靠谱的钮嘛。为什么不靠谱？这个要感谢康永哥，因为我昨天拜读了爱情情商课。康永哥也提到测不准量子力学，那个量子力学非常特别。你要观察那个粒子的位置，就测不准它的速度，你要测得准它的速度，就测不准它的位置，因为人为介入它运动的状态，它就不会是原本存在的那个样子。其实爱情这个东西也是如此。今天我们是情侣，我们两个都知道家里有一个钮，你找得到真实吗？

这个就好比什么呢？我做了 20 年的节目，我当了 20 年的制作人，所以我的一个心得是，人世间没有真正的真人秀。为什么？任何东西只要有摄影机介入就不会是原来的样子了。我们经常遇到女艺人，今天很累，因为昨天喝酒喝到吐。摄影机来拍她："请问你最近生活怎么样？""我都喝养生茶。"所以只要有机器，就不会是真实的了，只要有按钮来介入，它就不会是真实的。

最后我要讲一个结论。大家在讨论爱，每个年轻朋友都想知道爱是什么。因纽特人生长在北方苦寒之地，他们很能够耐冷，但是现在的他们不这样了。住在屋子里面，看电视还有空调，你无法想象现在的因纽特人，你去北极看看，他们一出门："好冷啊！"这是因纽特人吗？科技让他们的本能退化了。

其实我们本来有爱人的本能，我们也有强大的感知力，知道他爱不爱我，他喜不喜欢我。现在你导入这个科技，大家懒得动大脑了，大家懒得管灵魂了，大家懒得去用自己的感受了，因为只要按就知道了。

我们用爱的力量共同去闯过每个关卡，才是最可贵的。我们常录外景游戏节目，这个游戏关卡我都预知到结果了，过它干吗？我们一起过，过完以后享受甜美的果实。即便在这关失败了，我们下一关再继续挑战，这不就是爱的真谛吗？不然什么事情都在预料之中，还有什么爱呢？我承认感情世界多纷扰，但是我们千万不要为了这个按钮，让我们的纷扰升级再升级，不要给自己找麻烦了，祝福有情人终成眷属。

02

杨奇函
所有在一起的人并不都是因为相互喜欢

我怕考试，因为包括在爱情里边，有考试就有追求高分，追求高分会出现学霸，出现培训机构，出现五年恋爱、三年暧昧。结果会出现解题思路，恋爱中的套路。

刚刚几位朋友说的其实都是一种情况，大家在聊的都是互相喜欢的人走到一起。但其实这个世界上，不是所有在一起的人都是因为相互喜欢，很有可能是因为相互嫌弃、相互鄙视，但走投无路才到一起的。比如说我和我的教练肖骁，就是这样子的。

我为什么反对按这个钮呢？因为人一旦被嫌弃久了，就会反思人生，反思人生久了，就会思考人性。坦白讲，很简单，测试爱人的本质，就是测试人性。我对人性不信任，我觉得我们不要去测试人性。人性有多脆弱呢？比如说如果我现在给你 10 亿，你是否会跟你的爱人分开？如果说彭于晏或者林志玲跟你表白，你是否会心动？

坦白说，按下按钮的时候我不敢看，我也不敢让我的爱人去按，我不敢看那个答案。是因为我觉得恋爱之中绝大多数人不是圣人，更多的人都是普通人。而普通人在爱情中只能做到尽力，但他其实很难做到无瑕。

我们想想人类第一对男女亚当和夏娃。当年上帝创造夏娃的时候，亚当怎么说的？原文是：女人，你的名字叫女人，你是我的骨中骨肉中肉。当上帝说你吃我果子了，这个时候亚当说的第一句话是：是你创造的女人让我吃的。什么意思？人类有智慧之后的第一件事情，是出卖同类，男人有智慧之后的第一件事情是出卖了女人。

所以我小的时候一直在憧憬真爱，我觉得社会是非黑即白的。长大之后我明白了，在普通的生活中，其实没有那么多非黑即白，更多的时候都是模棱两可。谁在爱情之中都会有点过去，谁都会有点秘密，不是每个人都是完全纯洁无瑕，经得起推敲的。所以如果你让我按这个按钮，去测量我的爱人，我不敢接受。我只想找到一个跟我一样彼此都是普通的人，不是圣人，在爱情中都不要折腾对方，不要难为对方，不去测量对方，给对方一个空间。我觉得这就是我所理解的生活。

03

教练｜邱晨

有了按钮之后，我又怎么能够解释清楚我爱你99分，还有1分去哪里了

（内容来源：《奇葩说》第五季第八期）

我们之所以要发明这个按钮，是因为我们以为这个按钮可以降低我们的沟通成本。但是事实上不是这样。为什么？在没有按钮之前，如果我们不能沟通清楚我有多爱你这个问题，那有按钮了之后，我又凭什么能够解释清楚我爱你99分，还有1分去哪里了？

这种事情是不可能的，因为这是个悖论。我们对按钮的需求，阻止了我们好好使用这个按钮。所以按钮没有帮我们解决沟通的问题，反而帮我们制造了新的沟通问题。举个例子，最常见的三

连击是什么？一、你爱不爱我？二、有多爱我？三、很爱是多爱？你以为按了钮之后这三连击就不存在了吗？不会的，它会变成一种新的形式，它会变成什么？一、你有多爱我？按键啊。二、60分是怎么回事？三、下降变59了，你跟我解释解释。按钮让所有的沟通问题都升级，原先你要面对的是一个语文问题，现在你面对的是一个语文问题加数学问题，最后变成了一个哲学问题。

沟通这件事情没有捷径可以走，唯一的方法就是不要偷懒。所以这个按钮，其实给了我们一种虚幻的感觉。我们以为它是捷径，其实它让我们这些只有9级能力和装备的人，直接去到99级的世界里面打怪。这个按钮不但不会帮你，还会让你送命。无论有没有这个按钮，哪怕是在现实的生活里面，大家不要轻易地去检测对方，不要轻易地去证明自己。干吗要证明自己有多爱他？听着就很伤心。程度不重要，方式才重要。数值不重要，体验才重要。真实可能没那么重要，真实感才重要。

真实对所有事情都重要，可是爱情里的真实，它不是客观现实的那种真实，不是个客观的数字。我可以说我爱你是因为你好看，可是你会对我说："比我好看的人那么多，为什么偏偏就是我？"我可以改口说："因为你温柔。"你会说："温柔不一定是件好的事情，它背后可能有暧昧，有模糊，有犹豫。"我说："我喜欢你聪明，我喜欢聪明的人，可以吗？""不。我在你面前像个孩子一样，这一点我心知肚明。"最后没有办法，我找了个理由，我说："好，因为你爱我，所以我爱你。"听着特别自私，可是好歹这个理由成立。可是现在你不爱我了，我为什么还爱着你？我也很想知道。

没有人知道为什么。我也不知道。因为爱是这个世界上没有人能够得到满分的主观题。所以到最后我非常理解，所有人都想去按这个破按钮，我也挺想按的，因为我们对爱的本质非常好奇。答案是什么？每个人心里都有一个答案。但是爱一定不是一家公司或一只股票，它不能够被每一个时间节点上面的每一个数值所组成的那条曲线所定义。我认为爱是一个故事，是我们人一生当中独一无二的一段故事。所以如果它是一个故事的话，我们能不能不要把它拆碎了，用一个一个的字去衡量它的价值？

04

教练｜肖骁
黑科技不仅风险更大，效果更差且容易上瘾
（内容来源：《奇葩说》第五季第八期）

聊了这么多，其实大家在聊什么？就是科技。

整个《奇葩说》都知道我是一个狂热的科技爱好者，我一直都坚信科技改变命运。但是这个黑科技，它不仅风险更大，效果更差，且容易上瘾。就像如晶说的，她说你不要只用一次，你要反复使用。没有错，我们可以反复使用，我们解决掉了对这个按钮的好奇心，我们得到了一切真相。但是大家发现一个问题没有，这个时候我们怎么了？我们失去了对爱情的好奇心。

其实今天这道辩题非常简单，就是把应试教育带进了恋爱关系。虽然你们学历比我高，但是你们考的试不一定有我多，因为你们只是考试，但我会挂科。所以今天我不会跟大家分享考试的经验，我来跟大家讲一下挂科的流程。上大学是这样的，你挂科了之后就补考，补考不行交 200 块钱重修，重修还不过就在毕业之前清考，清考再不过就缓发毕业证。

如果爱情是一所大学，这才是你成长的过程。因为我们在不断磨合，从每一次的失败当中积累经验。而对方所说的成长是作弊，提前泄露了考题。你提前泄露考题，通过作弊的手段骗到这张毕业证，最后你学到了什么？你什么都没有学到。你没有学到什么时候说我爱你，你没有学到什么时候我们该说再见，你学到了一件事情，你学会了讨好，但你没有学到怎样对另一个人好。

而在爱情当中，当一个人他只懂得一味地讨好的时候，他是最不可爱的。所以我们完全同意对方说的，这个数据绝对正确，绝对真实，绝对有效。这件事情可怕就在于这个真相。你以为你窥探了爱情的真相，你以为你服务于你的伴侣，但这个真相往往有可能伤到你自己。

我们要相信，我们人性中有一些缺点是自己都无法接受的。比如说，你们看我今天浓妆艳抹，我的爱人按下 80 分。我卸了妆，素颜，50 分。你们知道这个时候我的感受是什么吗？她单纯喜欢我的美貌，好纯粹！

不要轻易去窥探爱情的真相，因为你有可能会伤到自己。当这个数据绝对真实的时候，我非常清楚地知道什么样子的我在她眼里是可爱的，什么样子的我在她眼里是不可爱的。可能通过这台机器我拥有了她，但我却搞丢了我自己。

我非常理解大家为什么要按这个按钮，可能因为好奇心，可能因为很多原因。但是我思考的是，我们不就担心对方不够爱自己吗？那是不是因为我们把爱自己的权利交到了对方的手中？

很多人都会按，让我试想一下谁不会按。我觉得《欲望都市》的萨曼莎不会按。她跟杰森分手的时候告诉他："我爱你，但我更爱我自己。"我觉得我不会按，因为我曾经说过，我喜欢你，但我更喜欢坐在你对面的那个我自己。所以这个按钮，一个科技发展出来了，我们要去使用它，要怎么用？你不要输入你伴侣的名字，你输入你自己的名字。你时刻监控你自己到底够不够爱你自己。低于 30 分的时候，你奖励自己一次刷爆卡的旅行。60 分的时候，你给自己一顿不需要计较后果的夜宵。90 分的时候，你可能只需要一管口红。当有一天这个上面显示的数字到达 100 分的时候，你们需要什么？你们什么都不需要了。

面对爱情，你也只需要做到无怨无悔。所以这个按钮你按下去，是已知的真相；你不按它，才会有无穷的想象。

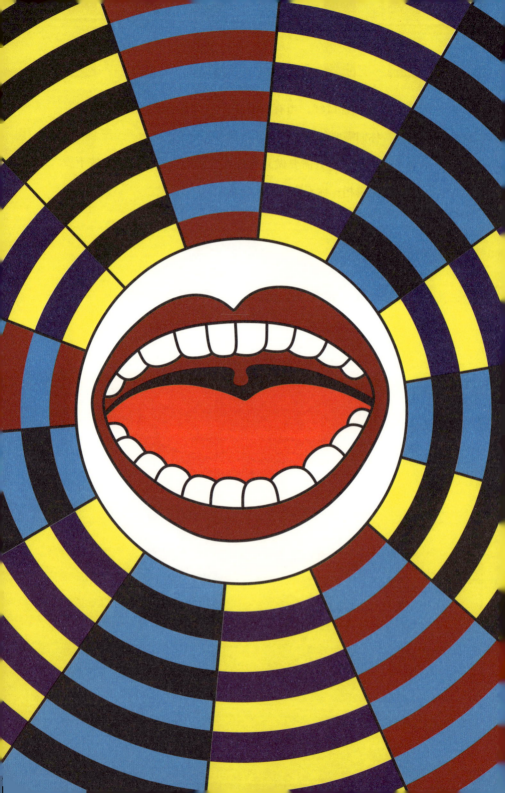

恋爱中有其他追求者，到底要不要告诉另一半

○　要告诉

01

马剑越

既然爱了就不后悔，再多的苦我也愿意背

　　既然爱了就不后悔，再多的苦我也愿意背。四川话把谈恋爱说成"耍朋友"，我觉得朋友不是拿来耍，是拿来谈的。百年修得同船渡，千年修得共枕眠。谈恋爱最重要的是什么？是要同甘共苦。在恋爱中有其他人追我，我觉得是一件很开心的事情。你希望没有人追你吗？不可能。我不仅需要有人追，我还希望我的伴侣有人追，因为我们光彩夺目，闪闪惹人爱。像我们这种钻石会有人不喜欢吗？不可能。所以有人喜欢我们，说明我们还是有市场价值的。你喜不喜欢我跟我没有关系。大家都喜欢我们，我们更要告诉对方，让对方为我们感到高兴，更觉得我们就是天生一对。

刚刚说的是甜的，现在要说一下苦的。大家知道现在外面有很多诱惑。我是一个开奶茶店的人，要是有个小哥哥每天都来买我的奶茶，也不说跟我"耍朋友"，买了奶茶后就走，好大的诱惑！其实我就很喜欢这种男人：持之以恒。你们不觉得心动吗？陪伴是最长情的告白，如果他一直在为我做一件事情，我好心动！我觉得我很容易掉进追求者的陷阱。

这种时候为什么要告诉你男朋友？是需要你男朋友拿条绳子，绑在你的腰上，看到你要跳进去的时候就把你拉出来，让你时刻保持清醒的头脑。我们来换位思考一下，如果是我的男朋友有了很强大的追求者，我希不希望他告诉我？当然希望了。想象一下，假设对方的追求者是喜塔腊·尔晴、乌拉那拉·宜修、辉发那拉·淑慎，是宫斗剧里最强的人，我当然希望我男朋友告诉我，因为我要早作准备。

有人觉得有追求者是一个考验，但我觉得是一种刺激。因为如果我的男朋友现在告诉我他有一个很强的追求者了，我第一反应是生气吗？不，我要振作起来，我要去减肥，去洗头，去美甲。

就是因为爱情会倦怠，谈久了就累了。所以我觉得刺激是件很重要的事情，它就像是平静湖面上的波澜，就像是在海底飘摇的海草。刺激是很有用的，因为它随时在提醒，我们的爱情是正在进行时。

02

野红梅

我是一个比较有逻辑的女孩，所以今天我将用八个论点告诉大家，为什么恋爱中有其他追求者时要告诉另一半。

第一点，你不尊重我。以前你买了一双破鞋子都要来跟我说，它的名字叫限量，现在有人追你，你怎么不告诉我了？我还没你脚底下的鞋子重要？你尊重我了吗？没有。

第二点，你不爱我了。你知道我和你在一起之后我有多爱你吗？我跟你在一起之后，我打电话时笑得像打鸣一样。我把我最真实的状态展现给你，甚至把我吃饭的家伙，这张脸的素颜，都给你看了。我掏心掏肺，而你连这事都不告诉我，你现在不配看我的素颜，因为你不爱我了。

第三点，你不告诉我就是在给我戴绿帽子。因为我也知道，爱情是需要空间的，不是说啥事都得告诉我，可是有人追你这件事情，它危害到了我。

第四点，你告诉我可能会有麻烦，但是你不告诉我麻烦更大。我们现场的女同学大家想一下，这个小妖精在明知道我男朋友有女朋友的情况下，还敢来追求他，是个省油的灯吗？她是冲我来的，她肯定希望我知道她的存在，因为这也是她追求我男朋友的一种方式。这个时候你不告诉我，如果这个小妖精说她和你发生了关系，你有什么方法可以证明你没和她发生关系？我不听！我不信！

第五点，重点来了，有的男生打着为我们好的旗号，说我不告诉你，是因为我可以单独解决这个事情。那有的事情你也可以单独解决，比如跟你妈妈回家吃饭，你不要拉着我。

第六点，你今天不告诉我，你就是在瞒我，在骗我。你骗人肯定要花心思吧？傻子是不可能骗人的。逢年过节你不花心思哄我，遇到这种事情你就花心思来骗我，你的心思似乎是用错了地方。

第七点，我们可以想一个问题，现在追求我男朋友的人最有可能是谁？题目是怎么说的？恋爱中有"其他人"，不需要其他人，最有可能的是我的闺密。如果是其他女生还好说，我可以跟她比赛蹦迪，可她是我的闺密，我把我们两个爱情里的秘密都告诉了她。她对我知己知彼，而我手无缚鸡之力，怎么办？我好危险，我好无助，我好害怕。

第八点，我不会对你提单方面的要求，如果有人追我，我也会告诉你的，因为我是一个大嘴巴，我根本就憋不住，我要跟你讲，是因为我希望你有安全感。虽然我是一个尤物，但是我爱你。我希望你知道我的心。我不仅今天要告诉你，我还要带着你去见他，我要看着这两个男人在我面前厮打，我在旁边急得跺脚：不要打了，不要再打了。偶像剧都是这样演的。女孩子们闭上眼睛想一想，我为什么不说？

03

游斯彬
恋爱本身就不是只有甜蜜

在我这个头脑简单的男孩眼里，这事特别简单。如果有人追你，你的伴侣生什么气？又不是你追别人，是别人追你，生哪门子气？如果姑娘跟你说她有人追，这说明什么？说明你最近照顾得她还挺好，她美如初见。这段时间你没有让她因为生活的琐碎，因为柴米油盐酱醋茶而变成黄脸婆，夸你有点小功劳。

第二，你要知道追求者被拒绝是不会轻易放弃的，一般一开始也不会轻易表白。他会怎么样？今天约你看个电影，明天吃个饭，他可能是你同学、同事，你拒绝不了他。甚至他会成为你的知心哥哥、知心姐姐，跟你一起吐槽我。

为什么有的时候女孩或者男孩说，再有一个新的人来追求，很新鲜。不是因为我们原来的伴侣变差了，而是因为他变懒了。他以为自己成为了你的另一半，他就变成了柴米油盐酱醋茶，不再有原来的浪漫。可这个时候你告诉他，你还有别人追，他可没有完全拥有你，他还在半路上。怎么办？他会变得更高更快更强！可前提是，你先要做到公平公正公开，你要把他拉回到赛场上。

说白了，如果在恋爱过程中有追求者来，你对我忠贞不贰，我相信这个人会给你造成苦恼。你为什么不敢跟我说？我觉得大概率是你怕惹事，你怕破坏我们之间的甜蜜。可问题是，恋爱本身就不是只有甜蜜。所谓悲欢与共是什么意思？是你高兴的时候我可以陪你笑，你悲伤的时候我可以陪你哭，你生气的时候找不到地方撒气，你可以找我。我们是恋人，我见过你素面朝天，你见过我邋邋遢遢。我见你是真实，你见我是轻松，有什么不能一起扛？

所以生活中的这些点滴和障碍，无非是我们人生中的修炼，是我们感情中的历练。有关感情的事有话直说，原因是我们的恋情不是一阵子，而是一辈子。

04

教练｜肖骁

当我跟你在一起的时候，
我为你戴上了金箍，
我们两个共同渡过那九九八十一难

（内容来源：《奇葩说》第五季第六期）

如果全世界都知道你有另外一半，怎么还会追你？小三不要脸不就在于她知道你有另外一半，还非要当你的追求者吗？反方通篇在讲这是一件小事，这一件小事你们为什么不能说？这件事情不说，会在你的心里埋下一颗种子。在你们人生当中，以后经历任何争吵，这颗种子会发芽，你会不断地问自己：当年有一个人对我那么好，我凭什么瞎了眼跟了你？这就是那颗种子。

对另一半，我们要随时保持追求者的心态，同时随时保持修行者的心态。因为当我跟你在一起的时候，我为你戴上了金箍，我们两个共同渡过那九九八十一难。当一个人能够怀抱一颗追求者的初心，怀抱一颗修行者的诚心，他和另一半的感情再也不会有第三者！

导师结辩

导师 | 蔡康永

恋爱就是在寻找两个人最好的相处模式，而生活里出现的所有参照物，都帮助我们找到更明确的相处方法

（内容来源：《奇葩说》第五季第六期）

　　我认为两个人谈恋爱的时候，外界的一切都成为我们两个感情的参照物。为什么很多女生看了一个连续剧，一边看一边哭，会觉得韩剧里面的男主角比她身边这个男人要浪漫得多？因为你在拿他跟你身边这个男人作对比。所以如果现在有人追我，我告诉我的另一半，无非就是拿一个参照物来告诉她说：有人追我，我们现在还像当初一样吗？那个人对我的爱跟你对我的爱有没有不同？

　　这都可以讨论，因为恋爱就是在寻找两个人最好的相处模式，而生活里出现的所有参照物，都是帮助我们找到更明确的相处方法。所以如果用这个方法来理解"告诉"这两个字，就不是你们刚刚所讲的那么戏剧化的，我来示威，我不自信，我要外遇。在我看来你可以很平和、中性地告诉你的另一半。而另一半如果很戏剧化地来理解，或者非常缺乏自信心地来理解，那就表示你们俩中间有问题，参照物就发挥了作用。

两个人相处的时候，所有的问题本来就在你们中间，外面的一切是用来让这个问题被看见而已。

不要告诉

01

赵英男

我不应该把追求者对我的欣赏当成一种表忠心的勋章

恋爱中有其他追求者，要不要告诉另一半？不要告诉。

首先我们来换位思考一下。如果我的对象有追求者，我真的希望她不要告诉我。两年前我和我当时的对象一起去加拿大留学，但是我们在不同的省份。她有一天打电话跟我说："我刚到这个地方，他们都说我是这个地方这么多年来最好看的那个人，他们还有人想每个月给我生活费，让我跟他在一起，可我才不愿意。"我当时听到是什么感受？我嫉妒。你显摆什么？谁还没俩追求者？谁还没点魅力？恋爱就是一场嫉妒，恋爱就是一场大型的攀比，而你此时是不是在激我？爱情的战鼓敲起来，你信不信我迷死你？

或者你想换取我的信任吗？可是，我觉得你让对方感觉不到你有追求者更让人信任。拿我来说，别人趴我身上，我以为她摔倒。别人给我抛个媚眼，我以为她白内障。这样才让人放心，对不对？

我总结了一下爱情，你们都说谈恋爱是二人世界，那你给我整这么多群演来干什么？

最后对于追求者来说，她喜欢我，我拒绝她，我们俩就到此为止了。但是我觉得我应该尊重追求者的喜欢，我不应该把追求者对我的欣赏当成一种表忠心的勋章或者炫耀的标签挂在身前。因为这是她的秘密，我应该帮她守住这个秘密。

02

严尚嘉
在爱情里不可能百分之百真诚

说？不可能说的，这辈子都不可能说的！说要不停地坦诚，要真诚地跟对方说你自己在恋爱时有人在追求你。你们知道吗，在爱情里面真的不可能百分之百真诚的，而且完全没有必要。比如说杰克和露丝谈恋爱，露丝告诉她的未婚夫了吗？没有。爱情里面是真诚不了的。所有女孩子你们想一想，如果你的男朋友跟你说有人在追求他了，你的第一反应是：我为你欢呼，我为你自豪？这才是最懒、最不负责任的事情。

03

加菲
你告诉伴侣自己有追求者，就是想要考验你的伴侣

　　我觉得不应该告诉。当你告诉伴侣你有追求者的时候，其实你是出于一种虚荣的心态，但是这种虚荣的心态会影响到你们的感情。

　　我和大家说一个我的故事。我以前是一个很没有自信的女孩，而且很胖，当然现在也很胖。但即便是这样，还是有一个人很爱我，当时我以为要不然就是他骗我，要不然就是他瞎，总之我有点膨胀。为了证明他不是一个人瞎，我每天编造各种人追求我的故事，让他感觉在这个世界他不是一个人，他并不孤单。后

来他真的不孤单了，就不需要我了。最后他离开我，其实不是因为我是个胖女孩，而是因为我是个虚荣的女孩，我只是爱上了他爱我的这份虚荣。

把追求者晒出来，把被爱当成一种炫耀的资本，到最后其实你的感情会受影响。当你告诉你的伴侣你有其他追求者，你是不自信的。因为你想用这件事来增加你在伴侣心里的价值，如果一个人不停地炫耀自己的美貌，其实那就证明她不相信有人会爱上她的灵魂。还有人会不停地炫耀自己的博学，证明他知道自己的性格不可爱。

如果你的伴侣真的因为这些外在的东西爱上你，总会有人比你更好看，总会有人比你更博学，到时候你怎么办呢？当你问"你爱我吗"，其实你就是在问"你爱没有经过任何加工的我吗"。

你告诉伴侣自己有追求者，就是想要考验你的伴侣。就像你的女朋友告诉你她最近有很多追求者，她其实想知道，她有追求者，你会不会对她更好一点？你会不会更爱她一点？她觉得这样伴侣会更加努力，想要进步。

可是像我这样的普通女孩，如果我找到一个很优秀的男朋友，然后有一天他告诉我林志玲在追他，然后他问我："你可以变得更好吗？"我会说："不，我不会。"因为我会觉得他爱的不是真的我。

幸好爱情不是一场考验，它只是让两个人都舒服并互相扶携。所以千万不要把自己的人生过成一个问卷，让你的伴侣一辈子都在做题；一定要把你的人生过成一道风景，让人流连忘返。所以不要预设你的伴侣，也不要考验自己的人生。

04

教练｜马薇薇
一个真正有伴侣的人，是随时随地会告诉其他人，他生活得很幸福
（内容来源：《奇葩说》第五季第六期）

有没有这样一个逻辑，如果你告诉我你有很多的追求者，这证明我把你照顾得很好，证明你跟我在一起很幸福，证明你完美如初？不是的，这证明你没告诉别人你有男朋友。一个真正有男朋友、有伴侣的人，是会随时随地告诉其他人：我生活得很幸福，你是追不到我的，因为我的男朋友就是我的真命天子，我会上节目告诉大家。只有那些偷偷摸摸的隐婚族，才会有很多的追求者。所以你认为你女朋友告诉你，她有很多追求者是她在对你表白吗？不，是她在对你示威。这是第一点。

第二点，如果你有安全感，你为什么要变得更高更快更强？

你现在就已经是最高最快最强了。爱情是一个家园，当我们在一起的时候，我们都可以不那么好。

导师｜薛兆丰

男生更介意女生的肉体出轨

（内容来源：《奇葩说》第五季第六期）

对于出轨，男女的态度其实是不一样的，男生更介意女生的肉体出轨。因为过去的历史上，女生生育，她的生产能力是非常有限的，一辈子能生十个小孩顶多了，用掉一个那就没有了。精神出轨没什么问题，她喜欢谁不太重要。她喜欢陈奕迅，飞去香港看他的演唱会，这没问题。而女生刚好相反，她更介意精神出轨，她很怕他爱上别人。这时候女性要养育自己的孩子，男性有相当一部分的资源要分给别人，女性就会在意。所以女生不在意告诉伴侣，男性就会有些介意，这是背后更深层一点的道理。

导师 | 李诞

在没有情商课的时候，
我觉得可以少说少错

（内容来源：《奇葩说》第五季第六期）

我觉得"告诉"可以分开看，是两个字：告，是瞬间；诉，是过程。像我们这种没上过情商课的人，本来没事，聊着容易诉不好，容易诉出事。我现在就想说有人追我，我回去臭美。我说："今天红梅追求我。"那我的另一半会高兴吗？她会想她是谁？你们在哪儿认识的？我说在《奇葩说》认识的，然后她又问："怎么追你，不追马东？"

康永哥那个观点是对的。感情这个事，刚开始的时候大家都幼稚，谁都是第一次活，谁都有第一次恋爱、第二次恋爱、第三次恋爱，我们都很笨。如果我们在最开始的时候就上情商课的话，可能没有这些麻烦。但在没有情商课的时候，我觉得少说少错，多说多错。

分手要不要
当面说

◯ 分手不应该当面说

01

刘铠瑞
用留白的方式分手

如果分手都不当面说的话，我就是个人渣。你们一定有这样的想法。

但我后来仔细思索了一下以后，我发现，事实并不是这样的，不如跟着我的想法来走一走。

真正的分手见面说跟不见面说最大的区别是什么？就是见面时你给我的东西太直接了，而在文学创作上面有一种特别高深的手法叫作留白，一篇文章最后最精彩的部分，往往不把它写出来，给读者一个想象的空间。那感情生活也是这样啊，与其这样赤裸裸地把分手的理由摆在我的面前，为什么我们不用留白的方式呢？可能她在离开我的时候只是给我留下了一条简单的短信，上面写着："时间不够了，我要走了，勿念。"

你要想她去干吗了，她可能是神盾特工局的一个特工，此时此刻在地球的某一个角落，正在阻止核弹的爆炸；或者她可能在为了人类的和平而在维护些什么东西。

当我每天早上起床的时候推开窗，我看到风和日丽的场景，我就会想象原来这美好的一切都是我用我伟大的爱情换来的呀！我虽然失去了我的女朋友，我虽然不能跟她当面说分手，但我可以对着天边呐喊"我爱你"呀。

这个观点，它帮我置换掉了当面说分手的时候必然会出现的那种尴尬和彼此伤害。我记得小时候，差不多是十年前，我还是个幼童的时候，我爸爸经常跟我说，你这个事特别重要，你不要给别人打电话说，你跟别人当面说。因为父亲会觉得打电话好像是一个不够正式的行为，这件事情如果足够重要的话，必须当面去交流。

没隔几年，出现了 E-mail。我们就会相互发邮件，就像聊天一样，但这时候有人就会讲了，你不要老是这样子发邮件，重要的事情，要打个电话跟对方说，电话又变成了当时比较正式的一种方式。

又隔了几年，出现了微信，我们开始在软件上面相互交流。但是当我们发现有一些特别正式的工作邀约的时候，我们都会选择用一个有头有尾的邮件去进行邀约。

现代社会大家都在不断地进步，我们的社交方式、交朋友的方式，已经不再局限于面对面的相亲，很多时候通过一些社交软件就可以开始一段感情。为什么大家的感情可以从陌陌上的一句话开始，而不能结束于微信上的一句"分吧"呢？

02

陈咏开
用平常心态面对爱情

如果今天两个人经过了充分的讨论，获得了彼此的谅解，坦白说我觉得不管分手的方式是打电话讲，用微信说或者是见面谈，对我而言其实没有太多的区别。分手要当面说，有的时候可能是我们一点小小的迷思。

举一个例子。你们有没有想过异地恋怎么办？一个住在马来西亚，一个住在中国，他们在网络进行长时间的交流后发现，他们实在有点不适合，不如就这样子分开吧。请问一下在座各位，你们会不会觉得这样的分手方式有一点问题，有一点有始无终？不会，你们会体谅，可是为什么当两个人在同一个城市的时候，你们就会觉得，必须当面分手才能够称得上是体面呢？

这时候对方就会说，我们有时候要求分手要当面说，是因为我们觉得当面说可能心里会舒服一点，因为我可以问出你很多理由。这时候大家就不要骗自己了，大家问一下自己，在你们过往的感情经历里面，有哪一次对方提分手理由的时候，你会觉得他这个理由提得真好，我们就该分手。

所以这个时候大家发现没有，分手本来就是一件不太愉快的事情，你不管用什么方式，坦白说都没有办法淡化这种不愉快。

讲到这里，我想分享一下我心目中理想的感情状态。我觉得就两个字：轻松。轻松地开始，轻松地结束。可是我有点怕，如果各位把分手想得太过沉重，认为必须像离婚那样见面签字才算是完成了对彼此的道德义务的话，那么我们有可能在感情开始的时候就因为把爱情看得太重，没有办法好好地享受爱情。

我的微博有时候也会收到很多不同的私信，其中有一部分私信是问感情问题，我也不明白为什么。其中有一类感情问题，我每次看到的时候都会眉头一皱，就是他们会问我，有一个男孩在追我，可是他没钱，我要不要跟他在一起？有一个男孩在追我，可是他学历不高，我要不要跟他在一起？有一个女孩她说她喜欢我，可问题是她的父母好像不太喜欢我，我要不要跟她在一起？

我觉得现在的人有的时候把爱情看得太重，看得像婚姻那样重了，也许我们可以开始学习如何用平常的心态去面对爱情。那么怎么用平常的心态来面对爱情呢？就从平淡化分手这一步开始吧。未来如果有机会遇到一个我心目中理想的对象的话，我会希望我们的感情状态是这样子的：悄悄地来，悄悄地走，挥一挥衣袖，不带走一片云彩。我知道我这样的想法可能有点天真，可是我希望我可以永远永远保留这一份天真。

03

邱晨
分手是切断信号

我特别能够理解，想要一个非常非常完美的分手仪式的想法。

但分个手而已，又不是结婚，还搞什么完美的分手仪式？你是不是以后还要搞一个分手纪念日，然后隔一年还要烧纸啊？

我要论证一个特别特别困难的观点，我从我们正在做的《好好说话》说起。我们做付费音频产品，经常收到各种各样的问题，但是有一类问题我觉得太难回答了，就是分手的时候应该怎么样好好说话。因为我们知道所有导致分手的原因都是阻止你分手时好好说话的理由。要么你们性格上有摩擦，好脾气都给磨成了没有耐心；要么就是感情淡了，没感觉了；又或者是到最后你们发生了什么不可原谅的事情。这个时候多相处一秒都是对彼此的伤害。所以说，所有你们分手的理由都是阻碍你们好好分手的代价。

真正的分手很多时候并不是发生在面对面的时候，你们可以找一个完美的时间地点，然后把自己装扮得尽可能完美一点，然后去跟对方说分手。可是真实的分手不是发生在那个瞬间的，它往往发生在你们理性谈判约法三章，最后却不了了之之后；它可能发生在你们歇斯底里地争吵，然后又疲惫不堪地和好之后；它可能发生在你们面对面地说了很多次分手，最后还是忍不住要藕断丝连之后。然后在这一切之后，你选择了一种最没有仪式感、最简单、最土的方法去切断你们之间最后的信号。

大家有一个巨大的误会，就是以为分手是我要向对方发出一个信号。不，分手其实是切断信号，真正的分手其实是你们再也不说晚安了。你们作为朋友都不问候了，你再也不关心他是不是已经有了新的喜欢的人了。你再也不去想他现在过得好不好了，你在手机里面打下了一行字，说难道我们就这样了吗？到最后却把它们全删了。没有发出去的时候，才是你们真正分手的时候。

所以为什么说你们之前的想象都是错的呢，因为你们想象分手是一场盛大的闭幕式上面的烟花表演，可分手其实是所有的烟花都散去之后无尽的空洞和冷漠。

我完全弄不明白，我们要分手就是因为我们两个没有办法从爱情这所学校里面毕业了，现在你要求我进行一场退学考试，甚至是退学面试。我承认，我们就是没有勇气的人，因为我觉得但凡我还有一丝一毫勇气，我们能不能把它用来在一起，而不是要把它花在分开上。

04

臧鸿飞
慢慢淡了，是一种体面

我可以用四十多岁的年龄跟你说，你们可能也不是那么成熟。一份爱走到尽头，可能就是我们两个人没有维系好这份爱，我们都是失败者，没有一个人是胜利者，并不是说你把我甩了你就胜利，或者我把你甩了我就胜利了。我不同意这个观点。

《离歌》里面有两句词，"爱没有公平不公平，只有愿不愿意"。爱永远没有公平，而且总有一个人是卑微的，在爱里越执著你就越卑微。

电视剧里老有一个镜头，就是两个人特别和平，说"我觉得不合适，我们分手吧"，然后镜头就 45 度摇向蓝天，这个镜头就结束了。结束不了啊！这时候一般女的就会说"你想好就好，你想分就分"……这样纠缠长达两个小时。有些人他性格懦弱，再碰上比较强悍的，就没有办法，没准儿一会儿还要挨打。以前两个人相爱，后来有一天我骂了你一句之后，我们就再也没法回到我们谁也没骂过谁的时候，在最后我想跟你说分手，你说凭什么你想分就分的时候，咱们只能再升级。所以有的时候这是一个没有办法的选择，我们就是没辙，怎么办？

有的时候成年人慢慢淡了，我们慢慢退远一步是真正的体面，明白吗？

导师结辩

导师 | 马东

不如不见

（内容来源：《奇葩说》第四季第五期）

大家全都是文艺青年。这个话题，我们谈的是一个人要见面，一个人不要见面，才有今天这道题目。我们所表达的唯一一个观点就是在一个想见面，一个不想见面的时候，如果你是那个想见面的，我们告诉你，没必要，所有的理由我们都说完了。所以如果我们谈的是真分手，我们谈到分手要不要见面的话题的时候，其实只可能有一种答案，就是不如不见。

导师｜罗振宇
分手，并且不伤害对方
（内容来源：《奇葩说》第四季第五期）

在这个场上有两个维度的辩论可能：第一种维度你是渣男。第二个维度你幼稚。我是这个节目的粉丝，我觉得这个节目最吸引我的地方是，有两个底线在现场从来没有被破过。第一个底线叫我们在一起绝不互相绑架，一定要尊重对方的意志。第二个底线叫我们不在一起，我们绝不要互相伤害，我们要尊重文明。

剩下第二个维度，是不是幼稚。这个就变得非常有意思了。幼稚是指你在目标既定的情况下采取的策略是错的，正是在这个意义上我们谈该不该。有一个词叫巨婴，其中最重要的心理特征是什么？就是我心念一动，这个世界就应该按照我的意愿来活动。因为婴儿就是这样，我想吃奶，奶就来了。分手有那么容易吗？你想分就分了，这是典型的巨婴想法，见个面然后就了断！对这样的做法，下两个字的判词：幼稚！

不幼稚的方法是怎么样的？我们假设站在想分的人的角度，我的目标是什么？请注意成人的世界里没有态度上的该不该。是我的价值观已经很稳定的情况下，我设立的目标怎样拆解为方法和行动。现在我的目标是非常清楚的：分手，且对双方的伤害降到最低。那么方法应该是什么？

我们先看它的反面。追求女生的方法应该是什么？陈铭老师要追女生会非常痛苦，因为你善于讲大词。但正确的方法是什么？是具体不是抽象。假设女生要追男生，最重要的一招就是，比如说拿出护手霜，挤多了，把男生的手拿过来抹。用具体的感觉，不用讲道理。

知道了怎么追，我们再看怎么分，就不能具体。这叫什么，这叫撤伙啊，我们的目标是什么？分手并且不伤害对方啊！同样一件事情，用具体的方式表达和用抽象的方式表达，给对方的伤害值是不一样的。所有的女孩子想一想，假设你的男朋友劈腿了，你通过以下几种方式得知这个信息：第一种方式是有朋友告诉你你男朋友劈腿了，第二种方式是你看到了他跟别的女孩子卿卿我我的微信，第三种方式是你看到了他们俩在一起的照片，请问哪个伤害大？具体的方式伤害更大，越抽象越尊重，越不伤害，这是方法。

第三，行动。各位，你们手里有一个投票器，你们投票器最终产生的结果是什么？看这一期节目的用户能不能习得一个方法。我可以用微信用各种方法跟你说，然后你再决定要不要见面再谈。坚持当面分手的人为什么一直在一个逻辑死结里面，是因为他们想逃避，说了，仪式给你了，了断，我要走了，再也不见面了，这负责吗？我不当面说是让伤害值降到最低，如果你想见面，我给你这个选择，这难道不是一个更好的方法吗？

△ 分手应该当面说

范湉湉
好好分手，不留遗憾，才能重新开始

有一天我发了篇微博。我说我发现原来爱情的伤口是不会痊愈的，像创可贴一样，你随时讲这个话题，讲到分手的瞬间，创可贴"啪"一下撕开来，那个血就哗哗地往外流。因为我的分手不是一个很好的分手。

我作为一个受害者说两句好吗？为什么要说我是受害者，因为当对方决定跟你说分手的时候，他就站在了一个制高点上，他在那个高的位置，我站在了一个低的位置，因为这个时机，随时随地都是他来选择的，而我没有选择权，我不喜欢这种不公平。他每天在踌躇什么时候跟我说分手，也许跟我吃过了我们最后一顿晚餐，跟我去过一次最后的旅行，他见了我最后一面，他准备好了，他没有遗憾，他跟我说了分手，可能用一张纸，一个微信，一个电话，也可能是微博上的一条留言，像陌生人一样。

我不喜欢这种不公平！我有遗憾，如果我早知道那天我们俩是最后一次见面的话，我希望能够穿得漂亮一点，我没有想过要跟你吵架，没有想要泼你红酒，我只想你以后想到我的时候，是分手时我漂漂亮亮的样子，化着妆，穿着好看的衣服，而不是躺在床上挠肚子抠牙齿的样子。

我跟我的男朋友分手的时候，我们度过了一次，我现在回想起来，是最最悲情而又哀伤的最后一次旅行。我们去厦门，两个人一起在海边听着海浪的声音，他全程都很沉默，没有说什么话。可是在分手很多年以后，我再回想这个瞬间，他是在跟我作一个道别，可是当时的我并不知道。每每想起的时候，我都会怀疑，怀疑我自己，甚至怀疑他。如果再给我一次和他最后见面的机会，可不可以让我也准备好，让我没有这么多遗憾？

02

马薇薇
去直面分手的不堪，不要逃

因为我本人一直致力于关注年轻人的恋爱生活以及成长，如果我们是轻松地面对这段爱情的话，那应该就不会出现见面大家会争执，见面大家会闹得难堪，见面对方会抱着你的裤腿不撒手的情况。因为你轻松我也轻松，大家都轻松，顺便见个面喝喝咖啡不好吗？既然那么轻松，那么基本上见不见面也不太有所谓。一个无所谓的人怎么会思考分手要不要见面呢？

如果我们的话是说给那些本身就把分手看得很轻的人，那我们就没必要说给他们听，因为他们不会为分手苦恼。而我们今天说话的受众是谁？是那些会为分手感到痛苦，会觉得分手沉重的人，这样的话才有建设性意义，你不要拿你的举重若轻去看人家的举轻若重。

我很怕文艺青年，你们谈情说爱的时候说都是月亮惹的祸，说今晚的月光真美，就是不把爱这个字说出来，现在呢，你们甩我们的时候，也不把丧这个字说出来，你们说你们要切断信号，你甩了我，你还掉进无边的深渊了？我害了你是吗？你连我面都不见一面，现在你说你孤单落寞了是吗？你想得挺美呀！渣字被你一写，变狂草书了！书法艺术家呀！

忽悠人忽悠得这么深情款款，让我觉得没被你甩一次是我人生一大不幸啊。

但其实我没有想说坚持不当面分手的人是渣男，也没有想说分手是一件很痛苦的事，我们要尽可能使它完美起来，别闹了！你的爱情都不可能完美，还追求什么完美的分手！人生做任何一个成熟而全面的决定都要两票制：一票是理性票，一票是感性票。

理性票什么时候投？一个人最冷静、私下独处的时候。想想我跟他合适吗？我们这么争吵值得吗？我还那么爱他吗？他还那么爱我吗？把这一切都在最平静、最冷静、最不受干扰的时候想清楚，这一票是理性票。还有一票叫感性票，我要见到你，我要闻闻你身上的味道，我要看着你的眼睛，我想再跟你有最后一次拥抱。那个时候你所有的优点缺点，你家有钱没钱，我们俩吵不吵架，我全部都忘记。我只能听到我内心的声音的时候，再确认一次要不要跟你分手。

当面分手这堂课教会我们什么？教会我们面对，坦然面对我们人生的失败，面对我们人生的不堪，面对我们说过的谎。那天我说过我爱你，可是你知道吗？恋人的蜜语风吹过，上帝会假装听不见。所以有一天我不爱你了，我这是说谎，我要面对我说过谎这件事情。如果我被甩，我要面对我的狼狈；如果我甩人，我要面对我的残忍；如果我被捅了一刀，我要补上伤口离开。这是成年人的决定，我作出的所有选择我都去承担，我都去面对。你们说不想上学啊，我不要从学校毕业呀，小时候我们不想上学、不想上课的时候，我们会怎么干？我们会逃学。小时候跟父母处不来，我们会怎么干？离家出走。工作了，第一份工作不喜欢怎么办？不辞而别！你每一次逃走留下的烂摊子，最后都会成为你人生中无法收拾的烂尾楼。不要逃，你逃不过的。

有一些人说，我就是不要面对这一切，我宁可她给我留白，我就想象她是特工，她是女超人。有人在逃避中不仅成了孩子，还成了疯子，宁可像孩子玩闹一样去解决这件事，自以为很轻松，可是人生总有逃不过的时候。

我有一个朋友跟我讲过他的一次分手。他说他跟他女朋友最后一次见面，他去他女朋友家收拾东西，最后他女朋友坐在那儿，让他把头靠在她的膝盖上，她拍着他的头说："以后没有我，你可怎么办呢？"他们都哭了，他们礼貌地告别，体面地分手，从此再也没有相见。这是成年人的分手。

面对自己，面对对方，面对这次离别。你逃得过生离，逃得过死别吗？今天你不想跟一个人分手，明天你不想一个人死去，那个时候，没有完美结局。可是我们的勇气是什么？面对不完美的结局，并体面地收拾自己的烂摊子。所以人生必须处处锥心，方得真心。

03

赵大晴
微信上简单的分手，配不上我的爱情

当面分手到底是一种什么感觉？如果你试过的话，你一定知道，我们可能砸酒瓶，我们可能起争执，我们可能做出一切过分的举动！当面分手的感觉其实并不复杂，就一个字：痛。它让我们很难受。

可是为什么当面分手那么痛苦，我还要说我们应该当面分手呢？在回答这个问题之前，我想讲恋爱的另外一个部分，我们恋爱开始的那个部分，可能也是我觉得恋爱最美好的部分，它叫作心动！心动这件事情的神奇之处在于，它没有理由，它不分时间不分地点，我们可以对任何一个人产生那种奇妙的化学反应。在春夏秋冬的任何时候，在操场上，在商场里，在沙滩上，我可以因为他的笑很好看，因为他的眼神很甜，因为他说的某一句话戳中我的心窝，感觉到心动很美妙。这种心动很神奇，这种心动来得太容易了。有了心动就有了一扇大门，我们可以走入一个新的恋爱关系里面去。

可是恋爱真的是那么容易的一件事情吗？大家从小到大到底对多少个人心动过？数得过来吗？可是大家到底和多少人发展了一段恋爱关系？其实我们心里都知道，我们的恋爱需要付出那么一点点的代价，而这一点点的代价可能就是我们需要当面分手的那种痛。那种痛太难过了，以至于我们想到的时候，我们明明看着对方的脸是那么可爱，那么性感，甚至恨不得下一秒就冲上去，但是我们没有，因为我们会思考那个痛苦，我们真的能够面对吗？或者还有一种选择，你太爱这个人了，即使最后当面分手也阻止不了你对他的那种爱。如果你愿意承受这份风险，和这个人在一起，你就知道你到底有多珍重这份感情。

我试过一次当面分手。那次分手的时候，我和我的男朋友住在他 300 块钱一个月房租的广州的某一个城中村里，凌晨 3 点我们上演了一场我曾经最鄙视的那种当场的分手，我们在那种满地是沸腾多次的麻辣烫的油渍里拉拉扯扯说"你不要走""我要走"，这并不好看。

但是我宁可要这种狗血的真实的深刻，我也不愿意要微信上面那句简简单单的再见，因为它不配我的爱情。我只想告诉你，你必须接受当面分手的这种痛苦。我们知道分娩很痛，可是痛的分娩是什么？是新生，是迎接一段更加珍贵的美好的爱情。

导师 | 张泉灵

恋爱是当面谈的，分手也应该当面解决

（内容来源：《奇葩说》第四季第五期）

其实关于分手这件事情，我一直在回忆我自己的事。我为什么一开始说我没有一定的观点，因为我自己经历过当面分手，也经历过没有当面分手。经历过很多之后，我最后得出的结论是，我学会了一件事情，叫作不再驾驭感情，而是懂得感情。

什么叫驾驭感情呢？就是你先给感情设计了一个模式，比如说感情应该是轻松的，比如说分手应该是漂漂亮亮的。你在设计一个感情，那是属于你自己的。我后来发现其实感情是两个人的事情，你驾驭不了，你只能懂得，所以今天如果一定要分手的话，我该怎么办？

我想了想，也许我会给对方发一个微信，告诉对方说我想我们不需要再继续走下去了，至少我觉得有困难，你是希望当面聊一聊，还是希望发微信就好了？我随时在线上。这是真实的我在现实生活当中可能作的选择。

我们聊的这个话题，大家都觉得这个题的重点在当面还是不

当面，我们漏掉了一个关键词，叫作该或不该。应该是什么意思呢？应该表达的是一个态度，它不是必须。如果我们大多数人的恋爱是当面谈的，那我总应该给对方一个当面分手的机会，这就是我对应该的定义。

导师｜蔡康永
好的爱情，需要一个深刻的结尾

（内容来源：《奇葩说》第四季第五期）

前面的观点很多说的并不是分手该不该见面，而是分手该见面，可是这样很麻烦。他们从头到尾都在讲的是我知道该见面，可是我很懦弱；我知道该见面，可是再有两小时天就要亮了，我很累。所有的这些都是理由和借口，不是该不该，他们心里面摆明了知道该，然后觉得做不到。

我想看到这个结论的人都会十分诧异，会想问你们在说什么？谈恋爱的时候在一起，分手的时候不该见面分，你不觉得荒谬吗？你可以说我做不到见面分，或者会分得很狼狈，可是我们怎么可能去跟全天下的人宣布说，本期《奇葩说》的结论是我们恋爱时应该在一起，而分手的时候不应该见面分。

我没有资格说电视节目是在跟观众谈恋爱，可是《康熙来了》陪了观众 12 年，我有没有选择不见面说分手？我很痛苦地告诉我的观众说，结束了。我当时知不知道我在最后一期的时候会哭得很丑？我不知道。我还要冒这个险，在电视上面控制不住情绪。12 年的情谊，你不该给人家一个交代吗？

《甄嬛传》有 76 集，你陪伴这个女的成长 76 个小时。它说第 76 个小时的时候会告诉你，甄嬛真正的命运是什么。你摩拳擦掌，充满期待：我陪着你 75 个小时了，第 76 个小时，我总要知道你人生迈向何处吧。第 76 个小时，你收到一通短信，甄嬛从此过着幸福快乐的日子，不播。什么意思啊？

你要用短信跟我分手，你好歹前面 75 个小时都用短信来传剧情就好了，你让我看了你 75 个小时的剧，看了你如何成长，经过惊涛骇浪，然后第 76 个小时你来通短信说我们就这样吧，这太欺负人了。

我是通过电视节目跟你们认识的，我上电视节目陪伴了你们12 年，我用电视节目跟你们说再见。如果电视节目与观众尚且如此，两个朝夕相处、晨昏相恋的人走到了分手的时候，你们却说何必见面呢，你们怎么有脸说得出种话来？

我们可以接受你们说该见面分手，可是做不到。可我们难以接受的是，你们说不该见面分手。恋爱是珍贵的回忆，喜怒哀乐都在里面。什么时候我们谈恋爱会在乎只留下美好画面，不想看到对方哭，更不想自己在对方面前哭？你跟人家分手，见面很苦，充满伤心，可能吵架，那是你要付出的代价。

一个好的爱情，它要有一个深刻的结尾，就像一个好的人生要有一个像样的结束。葬礼我们都能够安然接受了，分手算什么？所以，珍惜一个痛苦的分手，把它纳入一个深刻的回忆中。如果是该做而做不到，就光明正大说该，可是我做不到，不要骗我们说不应该。

导师｜何炅
没有爱情也可以活得很好
（内容来源：《奇葩说》第四季第五期）

我想给出一个我自己关于辩题之外的感想。感情里出现问题，常常不是你一个人的错，那为什么要一直惩罚你自己呢？有的时候人在分手之后会做一些很过激的惩罚自己的行为，可是我觉得有爱情，当然我们可以过得更好，但是没有爱情真的也死不了，要看结果了。

得知前任有了新欢，有一个鸡飞狗跳钮，可以在他们的关系里制造一点麻烦，要不要按

○ 要按

01

秦教授
这个钮，就是一个自我救赎的钮

　　在谈论按不按这个事情之前，咱们先讨论一个话题，就是什么是前任？我发现很多年轻人岁数不大，感情经历倒是蛮丰富的。以前呢，是君住长江头，妾住长江尾，每日思君不见君，共饮一江水。可是现在呢？我们已经不再敬畏爱情了。

　　我们每处一个对象，就相当于在墙上钉一个钉子。后来两个人分手了，他走了，钉子拔掉了。钉子虽然拿掉了，但是钉子眼在那儿。那是伤疤！那是痛！那是恨！要解心头恨，拔剑斩仇人！

我着急呀！我慌啊！我挠头发，我挠墙啊！怎么报这个仇？来了个按钮，我一定要按！我不但要按，还要把它做成门铃，让快递小哥、外卖骑手和走错门的都来按！

是不是大家觉得我们心胸太狭窄了？你们想错了，惩罚不是目的。我们真正的目的是为了告诫前任的新欢。告诉他什么叫前方是危险事故多发地区，谨慎慢行。告诉他什么叫内有恶犬。告诉他什么叫早发现，早预防，早治疗，早隔离。

有这么一种情况，分手之后也有爱。两个人分手也许因为双方父母不同意，也许两个人长期在异地，也许是偶然间发现是失散多年的亲兄妹。这种人，他们之间有爱，这叫有缘无分！这样的话，我也希望你们按！它是个试金石，给他们之间造成一点小小的摩擦、小小的矛盾。你可以试验出来，这个男人到底是一个渣男，还是个暖男。

还有一种可能，是两个人确实分手了，两人心也大，从此过着老死不相往来的生活。虽然你们的爱情走进了坟墓，但是偶尔按下按钮，就当"上坟"了呗！

其实按这个按钮，你们以为我按了我会开心？不是！这个按钮，惩罚对方的同时也惩罚自己。惩罚我们当时对爱的不用心，告诫我们从此以后要珍惜爱情，珍视爱情！所以这个钮，就是一种自我救赎的钮。我总结钮的功能，八个字：惩前毖后，治病救人！

02

花希
我恨你，才能更加心安理得

　　今天要讨论的是在场的大多数普通人，我们在做一个不打扰前任的好人还是一个释放自己怨恨的坏人之间摇摆不定。给我按！这个钮的设计者，他处心积虑地设计出来这么一个钮，只是为了让对方的关系产生鸡飞狗跳那么一点小小的惩罚，仅仅是为了给对方添堵吗？不是！其实是为了完成一段对你自己的自我救赎。

　　我本人刚从一段失败的感情当中走出来，回忆非常不美好。我一开始特别纳闷，我想不明白，问题出在哪儿了？是她突然瞎了？还是她以前瞎，现在突然好了？我不知道。我骨折住院了一个半月，她人间蒸发。难道是因为怕我问她要医药费？我想不明白，于是我怨恨，我愤怒，我想要报复，可我不敢。所有人都告诉我，对前任要体面，要大气，我在这种反复的情绪当中，度过了非常久的时间。

　　直到有一天，我的一个女生朋友说，你把照片找出来，对着照片骂她。我说行，我试试看。我就拿着她的照片，太好看了，

275

我骂不出来。但不行，她逼着我骂她。刚好那段时间，北京雷暴雨，我就发一条微博：也不知道哪道雷能劈中我的前任呢？发出来之后特别爽，从那天开始，我每天定时定点骂前任。非常神奇的是，这个人在我的世界当中，真的就慢慢淡出了！

后来我发现了一个非常深刻的道理，你们不要以为最强的修图软件在你的手机里，其实最强的修图软件在你的脑子里。分手之后你还不敢怨恨前任，你的大脑就会想方设法地去帮你美化这段关系，会让你误以为你还对你们俩这段关系有责任，你还有责任去维护好你们俩这段关系的体面。拜托你看看现实，你这边还为这段感情守着丧呢，人家拉着新欢开始蹦迪了！

自己给自己的责任感，只会让你离解脱越来越远。但谢天谢地，这个时候突然有一个钮出现了！它可以让我的前任鸡飞狗跳，我终于可以亲手跟自己大脑形成的骗局进行对抗！我可以一下一下地拆掉我在心中为她搭建的神坛，我要把我们所有这些彩色的回忆，全变成黑白。

我们按这个钮，其实就是为了跟对方纠缠，其实就是放不下，其实就是不甘心。我甚至愿意承认我现在还爱着我前任，可是那又怎么样呢？谁规定你还不能爱着你前任了。爱情是一个非常有惯性的东西，它没有办法在我们分开的当下立刻终止。它只会转化为另外一种形式继续存在，那就是恨。怨恨不是爱情的对立面，怨恨就是爱本身。我发现当你已经有了一段新的感情之后，我没有办法再用我的爱去触碰你，我只能用我的恨去触碰你。我今天按下这个按钮，是尊重我自己内心爱而不得的愤怒，是尊重我自己还爱着的感受。我想尊重自己，也许就是开始走出来的第一步。

不要以为这只是一道脑洞题，现实生活当中没有这个钮。其实现实生活当中都有钮，而且我们都按过。你们有没有在自己喝醉酒的时候，给自己的前任发信息、打电话？你们在酒醒之后，突然发现，我发的这是什么？你会咒骂自己，觉得自己太丢脸了！可是你不得不感谢当时不太理智的自己，终于帮你把那些话说出来了。

你逼一个分了手之后伤痕累累的人，还要做到温良谦逊、克己复礼，不仅可悲，而且很可怕。我当然希望你们每一个人，都不要遇到一个让你想要按这个钮的人。但如果有，请你按下去。我也想对我的前任说，如果你的面前有这样一个钮，请你不要犹豫，用力按下去。这样我恨你，才能更加心安理得。

03

董婧

把所有的白月光，都按成米饭粒；
把所有的朱砂痣，全按成蚊子血

　　我不跟前任做朋友。我的前任，和我在一起的时候，是钻石。离开我，他就是浑蛋。他付出了代价，变成了浑蛋。我也付出了代价，我爱过浑蛋。爱情在分开的时候，就是要有这样势均力敌的恶！

　　这个题就是一个偶像剧，我本来是女一，突然就成了女二。这个时候，我的眼前出现了一个钮，我要按下这个钮。因为我们女二最重要的自我素养，就是给两位主角的爱情添点堵！我要按下这个钮，因为只有在别人的爱情里，尽职尽责，当好女二，我才能在自己的爱情里，了无遗憾做个女一！

　　他有新欢，你只有钮。你不能同时有钮和新欢吗？你当然可以，我们就来聊一聊新欢。因为我觉得，我也是可以及时找到新欢的。所以这个画面是什么样的？我和我的现任，我们舒舒服服地窝在沙发里，突然"咔"的一声，我们眼前出现了一个钮。说明书上说，这个钮能一键让我的前任鸡飞狗跳！大家想一想，这个时候我怎么跟我的现任沟通呢？我说，算了吧，我早就放下了。好，我没有按。我的前任家里，那是一片祥和。我的家里开始鸡飞狗跳，你们知道吗？一旦一个交恶的按钮出现了，你却没有按下去，你的现任就觉得，你是不忍心给你的前任添堵。我只有随便拍拍这个钮，说按就按才能证明我真的不在乎。所以今天我要当着我现任的面，按下这个钮。把所有的白月光，都按成米饭粒；把所有的朱砂痣，全按成蚊子血！

这个钮是虚幻的，这个题表面上在说要不要添堵，其实在说我们应该如何处理和前任的关系。在我心里，我和我的前任，只有一种关系，那就是最好我们不要有交集，但凡有交集，必须交恶。

其实我特别怕答情感题，我也不能去走访别人。大家都讲自己的情感故事，我讲别人的，显得我没有前任似的。我的上一段感情呢，就结束得很拖泥带水。我们彼此都很受伤，我们都想当个好人。所以在分开的时候，我们也不愿意跟对方说什么恶语。我们都说，我依然是爱你的。他甚至提出，他要做我最特别的朋友，在我需要的时候，给我带来帮助。

可是，我们谁都没有办法向前走。我们留在原地，就会心怀期待。心怀期待，就会失望，会焦灼，会疲惫不堪。所以后来我做了一个决定。我决定我来当那个美丽的坏女人。我删掉了他的微信，我清掉了他的东西，在他好意要给我提供帮助的时候，恶语相向。那整个过程特别难看，又难堪。我光想想都觉得难以自处。我特别讨厌那个时候的自己。但也就是在那个时候，我们才真正断开了联系。

真正的分手是什么？是切断信号吗？不是！是告别一个人，告别一段关系吗？不是！真正的分手，真正的告别，是告别那个和他相处时的自己。我知道，给别人添堵是不对的。我做了这件事，会显得我渺小、自私、恶毒、不讲道理、很不体面。我就是要不体面，我就是要把场面弄得难堪，就是要让我回忆起来觉得无法自处，难以面对。

只有我无法自处、难以面对那一刻，我才终于不用再跟当时的自己相处。如果说我们送给现任最好的礼物，是我和我的前任互相厌弃，那今天人在做，钮在看，当着钮的面，我要送给我的前任最后一份礼物，从这一刻开始，你可以讨厌我了。我曾经真诚地爱过你，以后我要去好好地爱别人了。

按这个钮就是把伤害我的权利从他手里收回来。怎么能够离开分手这段伤？在心理学上有两种方式：一种是脱敏，一种是把这段伤关在一个箱子里，再也不去碰它。这两种方式都能让我们离开分手的伤，可是今天这个按钮在你面前出现，要不要按下去？这个疑问在你脑海中出现的时候，那个箱子已经打开了。你没有选择。脱敏，忘记他，向前走！

导师结辩

导师｜蔡康永

不要认为跟前任复合是一个荒谬的想法

（内容来源：《奇葩说》第五季第十二期）

辩题里面有一个前提是，得知前任有新欢，这是一个在分手之后的特殊时刻。这不是分手的普通状态，这是分手之后，发现对方比我先好了的心情。同时发现：第一，我落后了；第二，你怎么背叛我？我还在守丧，你怎么已经展开新的人生了？所以那个情境要考虑进去。题目定得很明确，是制造一点麻烦，它没有弄"死"对方。所以不是那么严重的事情。这是第一个我想提醒的点。

第二个我想提醒的点是，我读过一份调查，有超过 60% 的人，后来跟前任在一起。就是你曾经交往过五个前任，这五个前任都是被测试过，在茫茫人海之中可以跟你在一起的。

所以各位如果有过前任的话，你不一定会跟你这个前任从此恩断义绝。有一些前任是有可能变成你将来的伴侣的，所以我认为鸡飞狗跳钮，是有一点撩拨的作用，就是让对方不要忘了你的存在。所以不要认为跟前任复合是一个荒谬的想法。不要把这个钮想成是恩断义绝的钮，要想成是你们都不忘记对方的那个钮。

导师 | 李诞
这样错一次挺开心的
（内容来源：《奇葩说》第五季第十二期）

我站在这一方。得知前任有新欢，有个鸡飞狗跳钮，然后他就去按。这个人是一个很脆弱、很幼稚，应该也是个挺年轻的人吧。人活得越来越对，想错一次就特别难。我觉得像这样错一次，还挺开心的。所以要按一下这个按钮。

△ **不要按**

01

赵英男
念念不忘，必然很丧

你越按这个按钮，你的伤就越不会好。这个钮它真的安全吗？这个钮搞不好是给自己添麻烦。我活到现在，有五个前任。我怎么按？我都按吧，太高调了；我按一个，对其他人不公平。于是每天早上一起床，我就要思考今天应该制裁谁呢？

带着这个问题，我把前任分成了两类：第一类，我不爱了，没有感觉了，那我肯定不按。我们都八年不联系了，我巴不得她过得好好的，不要回来找我。我一按，她鸡飞狗跳，又想起我的好，又爱上我了，这不是给我自己找麻烦吗？要按按什么？按个顺顺利利键。让她安享晚年，年年有余。我们江湖相忘，各自去浪，谁都不要想起谁。

第二类，就是我还爱的。那我更不能按了呀。我如果还喜欢她的话，为什么要亲手伤害她，我按这个按钮，能把她按回来吗？不可能。我越按，她走得越远，会越来越讨厌我。她若安好，我不打扰。而且行走江湖，最重要的是口碑。我今天按了这个钮，还怎么找下一任？大家都会说，赵英男是一个会报复前任的坏人。像我这样的，找个对象多不容易，靠的就是做好事，分手还能做朋友。不然你们以为我为什么会有五个前任？所以为了口碑，不能按。

再说，我有这个按钮，我前任也会有这个按钮。她知道我按了，她不也得按吗？我们相隔千里，靠一颗钮互动，彼此消耗。每天早上醒来都要对自己说，打起精神来，元气满满，今天又是被前任诅咒的一天哟！何必呢？大好时光，为什么要浪费在一颗按钮上？是蹦迪不好玩，还是火锅不好吃？为什么不能与前任和气生财？

我们都说，散买卖不散交情，从此我走我的阳关道，你过你的独木桥，咱们到此为止！都拥抱新的生活不好吗？所以不能按。

这个按钮很有可能让我们坏心办了好事，它制造的小麻烦、小考验，很有可能就是他们爱情的催化剂。恋情中的小麻烦，最终都是靠什么来摆平的？钱！人家生气了，不得买个礼物哄一下吗？你一按，人家闹别扭了，过两个小时，恭喜前任获得纪梵希小羊皮！你再按，恭喜前任获得LV！因为你按了这个按钮，新欢全给买齐了。你给不了前任的幸福，你帮她从新欢那里全部得到了。

最后一点，这道题还告诉我们，有的时候上天就是这么不公平。他给了前任一个新欢，却只给我一个按钮，糊弄谁呢？我只配得到一个玩具，是吗？我有纠结要不要按这按钮的工夫，还不如去找下一任。

人要往前看！你按这个按钮，不仅不能说明任何问题，还等于变相地在向全世界宣布，没有前任的日子，你过得有多不好。她已经往前走了，无论你怎么样，她都不会回头了。即使她跟现在这个新欢分手，也会马不停蹄地去寻找下一任。学习一下前任的心态好不好？

02

傅首尔
**每一段爱情，都有它的彩蛋，
这颗彩蛋的名字叫成长**

今天可能会很严肃地讨论一个事。恨不是爱本身，恨是爱而不得本身。如果按了这个钮，你不但得不到旧爱，你也得不到新欢。你始终还是不得，所以你会一直恨下去。这可以说是奇葩星球最低级的一个产品了，听名字就不高级，按一下就鸡飞狗跳，这是什么？高龄儿童情商短路玩具吗？别人给新欢买个包，你买个按钮让包掉到水里。别人请新欢吃烤鸭，你买个按钮让鸭子飞走，大变活鸭，好快乐哦！你有病吗？你不需要一颗钮，你需要一粒药！

这个按钮有什么用处？唯一的用处就是报复！咱们要报复一个人，一定要充分发挥主观能动性。武侠小说都看过吧？手刃仇人后，还要在墙上留字：傅某某，替天行道！你是有多无能啊？报个仇不靠自己，靠按钮！躲在墙角，用一种非常灵异的手段，发起了一场中小型闹鬼活动。这是《倩女幽魂》吗？别人失个恋，变美，变优秀，你呢？角色扮演格格巫，邪恶真人秀！是不是就是不争气？！这是第一点，这个按钮作为报复工具，反智，反科学。前任可以没有，智商咱们得留着，以后用得着，所以不能按。

第二点，回到现实，这个辩题谈的就是我们对待前任应该有的态度。人家说，每一个合格的前任都应该像"死"了一样。那他以后的每段爱情，跟你有什么关系呢？你体面地埋了他，他优雅地葬了你，多好！

前任分两种：一种渣，一种不渣。特别渣的，你按什么钮啊！你要对他有信心，你不按钮，他也鸡飞狗跳。现在我们要谈的是第二种，这种才值得讨论，就是不渣的。但是你仍然怨恨他，因为你还爱着，你不甘心。我们必须承认，每一个爱过的人身上都有闪光点。你在爱情里最难面对的，不是伤害，而是遗憾。你很遗憾，错过一个发光的人，他闪瞎了你，照亮了别人。这个辩题就是要让我们揭老底嘛！

大家都有前任，我虽然人老珠黄，十年前我也是有前任的。我的前任非常优秀，我们俩从小隔壁班，他是北大的，我考了林大。他妈妈一直觉得我配不上他，我因为太好强，我们就分手了。分手之后我就对自己说，要努力！要拼搏！要把生活当成奥运会！我要过得比他好！我们再也没有见过面。一晃人到中年，我有一个儿子，他有两个。

你们还年轻，你们以为让前任过得鸡飞狗跳就是对自己最大的安慰吗？过得比他好，就能让遗憾少一点吗？我告诉你，不会！今天这个我，从世俗的眼光来说，混得比他强多了。可是我每次想起他，还是觉得好遗憾啊！因为我的好强，错过了这么好的一个男生。

　　人生兜兜转转，有的人对你的影响长到你自己都想不到。以前我们在一起的时候，我特别喜欢写博客。我天天写，他说，你这么努力，总有一天，你会成为作家。十年过去了，我真的出了书。我在全网第一篇阅读过百万的文章，就是写对前任的感悟。因为这件事，我的公众号火了。我想是这段爱情为我埋下了一颗彩蛋。

　　我相信每一段爱情都有它的彩蛋。这颗彩蛋的名字叫成长，你需要一点时间去孵化它。你不能按钮，你一按钮，鸡飞狗跳，蛋就破了。我的前任跟我在一起的时候，是一颗钻石；跟别人在一起的时候，也是。我跟他在一起的时候，是一颗石头；但是跟别人在一起，我把自己变成了一颗钻石。我改掉了很多缺点，我吸取了很多教训。我把他对我的所有影响，都变成了好的东西。所以我才拥有了这样一段还不错的婚姻。

　　我是一个个性非常强的人，结婚了十年都没离，因为我真的真的很努力，我非常珍惜，当分开的时间足够长，我发现所有的伤心、难过、痛苦，都消失了。我只是在偶尔看到关于他的消息时才想起来，这个闪闪发光的人，我曾经爱过他。

我觉得这个按钮最大的问题是什么？是它给你一种暗示，它暗示你所有的问题都在别人身上。不管你们曾经多么真挚，多么热忱，多么不要命地爱过，只要他离开，就是他的错，你就要他为此付出代价。这个按钮让你忘了，他爱你，是一种选择；他离开，是一种权利。前任是我们记忆里的一颗星星。如果你分一次手，就射下一颗，你的回忆多么暗啊！所以不要按这个钮，它亮了，你怀疑的是自己；它黑了，你怀疑的是人生。

总结一下。第一，爱情是场修行，在哪个庙都一样，你不能剃了头念经，还了俗放火。第二，爱情里面没有了断，只有凉拌。第三，坚持要按下按钮的人说，因为你伤害了我，所以我要伤害回去。我告诉你，爱是伤害的资格证。一个人有多爱对方，就给了对方多少伤害你的权利。他可以伤害你，因为你还爱他；你不能伤害他，因为他已经不爱你了，就这么简单。

03

詹青云
真正的解脱，是你想明白了

在爱情里受过伤害，有那么深的遗憾和痛苦，我们完全理解，失过恋的人都能理解，可是我们不能理解，你用你自己的痛苦去为伤害别人辩护。如果只是痛苦也就罢了，竟然还是为了毁灭自己心目中那些彩色的回忆，那是人生多么宝贵的财富啊！

对方是想求一份了断，可是你用这种发泄的方式，是不是真的能够求到你那份了断？

带着一颗报复心，去做伤害别人的事，想要求了断，这在心理学上有两种动机：第一种是让别人痛苦，以此来补偿自己的痛苦。情绪可以疏导，但是永远无法用伤害的方式疏导，无法用伤害的方式补偿自己受到的伤害。

第二种动机，就是比惨！我过得不太好，我让你也过得没那么好，显得我没有那么糟糕！这是一种什么心态？就是把我的幸福绑定在一个我已经失去了的人身上。我的幸福竟然不是取决于我过得怎么样，而是他过得有多糟糕，你管这叫心理健康吗？

为了效仿调查记者董婧，我也调查了一些社会新闻。法国女子为了报复丈夫与新欢去度假，谎称日内瓦机场有炸弹。一场虚惊过后，新欢继续去度假了，而该女子被判六个月有期徒刑。一个丈夫带着五岁的女儿，想出省去追寻离开他的妻子。在妻子拒绝他后，丈夫录了一段视频，30秒内掌掴小女儿50次，以此来威胁妻子。这一点小小的报复心，在现实里，其实可能把我们变成很愚蠢、很残忍的人！

如果今天你为了一个前任，只能用这种报复的方式才能解脱，那你的下一个前任呢？那个和你闹翻了的朋友呢？我们这一生中那么多没有得到的好人、好事、好东西，我们喜欢的东西可能全都没得到，你怎么解脱？真正的解脱，是你想明白了，这个世界上不是所有好的东西都得属于你，每一个人都有自己幸福的尺度。更重要的是，你得到这颗按钮，终究是幸运的，不是因为你有机会按它，而是你有机会不按它。因为一个可以轻易复仇的机会，就是一个人真正和自己的过去和解的机会。

武侠小说里那些大彻大悟的时刻，是发生在和仇人面对面的时候。裘千仞跟着一灯大师修行了几十年，心中的恶意都放不下，后来他在绝情谷，手里是他已经抢到的黄蓉的女儿——小郭襄——一个小婴儿。那时候他一掌拍下去报这个仇，就像按一个按钮那么简单，但是他把小孩子放下了，然后大彻大悟。《天龙八部》里萧峰的爹萧远山，追寻他的杀妻仇人，也就是慕容复的爹慕容博，追寻了几十年，在少林寺里终于见到了慕容博。那个少林寺老和尚一掌把慕容博拍死的时候，那一刻他心里只感到无比空虚。当慕容博又很戏剧化地活过来，两个老仇人面对面，这个时候书中写道：两人睁开眼来，相视一笑，王霸雄图，血海深仇，尽归尘土！

不按，其实是一份潇洒的礼物。

导师｜薛兆丰

害人不利己的事情就不做，因为对自己一点好处都没有

（内容来源：《奇葩说》第五季第十二期）

害人不利己的事情就不做，因为对自己一点好处都没有，整个世界的幸福减少，这个事情没有意思。他们两个一块追求幸福，而我要希望他们不幸福，这是多么鞭长莫及、力不从心的事情。成本这么高的事情你去做，挺不靠谱的。

这背后还有一种情绪，是妒忌。他变得很好了，这时候你容易妒忌，但妒忌不是好情绪。你怎么治疗？你要认识到，你得把这个人，从你心目中拉远。

经济学家弗里德曼的小侄子给他写过一封信。他说他现在遇到一个女朋友，她是他一生中最爱，人生中的唯一，所以他要放弃学业跟着她远走高飞。米尔顿·弗里德曼给他回信，他说，我以一位经济学家的身份告诉你，如果世界上有两个人是彼此一生中的唯一的话，他们这辈子不会见面。我们今天世界上的人口有 70 亿，你想象一下有 70 亿颗绿豆在一个大缸里面，有两颗红豆，它们是彼此一生中的唯一，把它们放进去，搅啊搅啊，它们会碰上吗？在短暂的一生中，它们不会碰上。

这告诉我们，海誓山盟，许下终身承诺的那些人，实际上只不过是我们身边看上去觉得差不多时间到了而挑选的人。这是偶然性！如果你认为这个世界上真的有什么人是你一生中的唯一，分了手，你还要不断地去按那个按钮的话，这是你对这个世界偶然性的一个深深的误解，你应该拔出来。所以有这个按钮，我不会按。

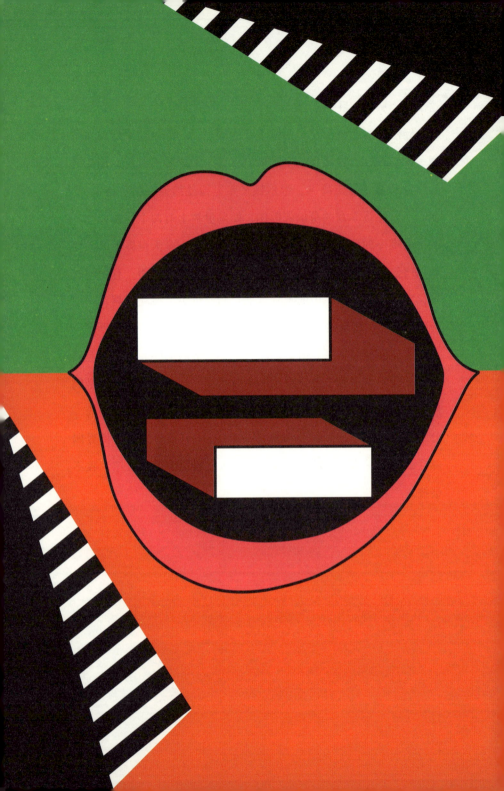

爱上
人工智能
算不算爱情

◯ 爱上人工智能
不算爱情

01

黄豪平

AI只是人的替代，将就不是爱情

如果情感是真的，真心就算爱情的话，为什么以前《奇葩说》要辩父母催婚是爱还是变态。情感有各种类别，它未必是爱情。为什么我们会爱上人工智能呢？因为人工智能像人。像《她》里面，还有《机械姬》里面的人工智能都有像人的部分，像人的那部分被爱上。

我个人有非常深切的经验，因为像一个人而被爱上。在台湾大家都说我像吴青峰。模仿吴青峰让我在节目上声名大噪，我瞬间受欢迎起来，在这样的状况下，好多人想认识我。在这么多想认识我的人当中有一位学妹特别可爱，她对我特别有兴趣，于是我就顺理成章地跟她发展了一点小暧昧的关系。她通常看到我就会说："学长学长，你可不可以模仿吴青峰唱歌给我听？"然后我们的生活就充满了许多模仿吴青峰的段落。她会问："学长你在乎我吗？"我就得这样回答她："就算大雨让整座城市颠倒，我会给你怀抱。"然后她问："学长学长，你想我吗？"我得回答："我好想你，好想你，却欺骗自己。"

　　基本上我们的生活是被吴青峰恶狠狠地填满了，在这样的状况之下，有一次我们一群人去唱KTV，在KTV里面我唱了一首五月天的歌，学妹连正眼都不看我一眼，这说明什么？学妹对我的爱是爱吗？她爱吴青峰，她爱不到吴青峰，她得不到他，她才想得到我啊。

　　我模仿吴青峰就跟人工智能模仿人类是一样的道理，对我的学妹来说，我就是一台搭载吴青峰APP的人工智能，移除之后我什么也不是，她不会爱我的！你们可能这一生当中没有这个机会去跟人工智能相爱，可是在你们人生的路途上，在爱情这条路上，会找到很多替代品。

　　人工智能为什么会被爱上？因为我们爱不到人，就去爱人工智能，我们得不到最好的，就选择次好的，这叫什么？叫将就。将就不是爱，将就是因为你无奈。所以爱人工智能不是爱。

02

花希
爱上人工智能不是爱情，只是情感寄托

第一，看见一个很穷的人买不起好手机，你给他一个假的模具，说这就是真的手机了，这是不合理的逻辑。

第二，其实今天人工智能无论有多先进我们都不用害怕，哪怕它真的进化得跟人类一模一样了，但它跟人应该还有一个区别，它至少是可以调控的。

我们今天就来谈论一下什么叫作爱情。我不敢给爱情下定义，但是我觉得这么多年以来我好像了解了一些东西。首先我认为爱情第一个最迷人的地方叫作不可控。我们从小到大都会去设想很多自己会喜欢上的人的样子，他会在什么时候出现在你身边，他会以什么姿态出现在你身边，这些其实都是不可控的。你有一天会突然发现那个人出现的时候可能与你的想象大相径庭，甚至完全不一样，这可能就是爱情美妙的地方。

可是你爱上一个人工智能，它身上有各种各样的按钮，它的性格、它的外貌都可以按照你自己的设想去调控，你今天想要一个鼻子高高、个子高高的，你就可以把它设置成那样，你今天需要一个脾气温柔的，你就可以把它的性格调成温柔模式，哪怕你偶尔需要它撒点小野，你也是可以去调控的。这种完全可以被你调控的爱情，是真实的爱情吗？

我觉得不是吧。其实不光是 AI，我们哪怕是跟真实的人类谈恋爱，如果一个人要求你按照他想要的生活方式去跟他在一起，他要求你按照他喜欢的样子跟他相处，你觉得他真的爱你吗？

爱情最美好的不是你的样子我都喜欢，而是我们俩各自有各自不同的样子，出现在彼此身边之后慢慢磨合成最适合彼此的样子，我觉得这是爱情的第一个条件。

第二个条件是什么？应该是爱是含有苦涩和嫉妒的。我们回头想想看，古今中外所有标志爱情的东西是什么？西方丘比特的箭，那是一种武器，它会戳穿人；我们现代爱情里面的玫瑰花，它有刺，拿到手里手会疼；巧克力也苦甜参半。所以爱情可以在甜蜜当中滋长，但它一定是在痛苦当中才会变得深刻的。

你们什么时候意识到自己很爱对方？是不是有一天他突然没有怎么理你，你自己在深更半夜还很揪心，这时突然意识到原来自己这么喜欢他。你跟 AI 谈恋爱是一种什么样的情况？它会让你痛苦吗？好像不会，因为它对你的忠诚度是百分之百，从出厂的那一刻开始它就被设定为对你终身忠诚，它就被设定为要对你百依百顺，哪怕它想对你发火违抗，那也是可以调控的，因为它如果实在让你讨厌，你可以把它关掉，所以我觉得这不是爱情。

第三点，我觉得爱情应该是包含责任感的。所谓两个人相处，我们俩在互相承诺彼此的时候会承诺一生在对方身边，是因为我知道你跟我在一起之后，你可能会开启一段新的人生，你可能要放弃一些过往。可是 AI 呢，它没有过往，它只有出厂设置，它这辈子不可能离开你，因为你是它唯一的买主。

所以我认为，真正的爱情我们不知道它到底是什么，但是至少要包含不可控。爱情要有嫉妒有痛苦，爱情还要有责任感。人工智能再怎么发展，它都是我们人类想象范围之内所能达到的最高峰，可爱情永远是超越人想象范围的一种惊喜。

所以我今天不敢妄言我爱上人工智能就是爱情，我只能说那是一种强烈的情感寄托，至于爱情是什么，我觉得还需要让我们未来无数辈，不管是在诗词当中还是歌曲当中慢慢探索，才有可能得出答案。我不敢妄言爱情，是因为我足够尊重爱情。

03

黄执中
真正的世界末日是这样的，
所有人都躺在椅子上

这个题目有趣的部分不是在爱情的部分，它不是一个脑洞题，它是我觉得我们之后都会面对的问题，就是当科技越来越进步之后，虚拟跟现实还有没有差别？我们还有没有必要去分辨真跟假？因为当假的东西随着科技的进步变得越来越真，甚至比真的还真的时候，我们还有没有必要去试图区分真跟假？

我能够理解说不用区分真假的观点。这个梦太逼真了，逼真到一定的程度的时候，我们不用在意是睡或醒，用不着那么努力或狠心地把它区分开来，我可以理解这种讲法。虽然这个电影有点早，不过因为实在太红了，我相信各位看过，它叫《黑客帝国》。这部电影是在讲什么？

它在讲一个最极致的世界，科技最棒的世界。在那个世界，人工智能已经好到什么地步？所有人接上了一个管子，它创造了你所有可以想象的现实，在这里你看到的一切、听到的一切、触摸到的一切，无非就是那个母体通过这个输送带，刺激你大脑皮层的电子信息，那就是我们在哲学里头所假设的"缸中之脑"的结果。

你在那个虚拟的世界里上班工作、交朋友，你的恋爱、你的喜怒哀乐都是假如真真如假，然后它给你两个药丸：一个蓝药丸，一个红药丸。这时候人们就会想，有必要醒过来吗？里面有一个反派，那个叛徒，他说："你知道吗？当我把这块牛排放进我的嘴里，母体那个大脑会告诉我的大脑，它鲜嫩而多汁。过了这么多年，我只领悟了一件事，无知就是幸福。"

可是有人，那个主角尼奥，他选了红药丸，不是没有人警告过他说："吃了这个红药丸你的世界将天翻地覆，你以为存在的其实不存在。我不能许诺你会更开心，我只能许诺一件事情，就是你会发现真正的情况是什么。你选择吃蓝药丸，你会忘记现在我跟你讲的一些话，你明天在你的房间醒来，继续去上班；你吃了红药丸，我会告诉你爱丽丝梦游仙境里的兔子洞有多深。"

他吃了红药丸，他醒来的时候吓坏了，也有其他人吃了红药丸醒来，那些人怎么样？看过电影的人知道，他们在真实的世界里很狼狈，穿得破破烂烂，吃的也是跟糨糊一样的东西，可是他们躲到地心去，要对抗，无论如何不想被再接上插头。他们为什么不想接受插头？为什么要抵抗这件事情呢？

虚拟比真实更好的时候，你为什么要那么努力去分辨真跟假呢？安德森先生，你为什么还要对抗，你为什么要站起来？为什么？如果这件东西摸起来像个鸭子，吃起来像个鸭子，为什么它就不是鸭子呢？你为什么要对抗它？你为什么要对抗你的感官？你为什么要对抗你的情感？你明明真心地在那个虚拟的世界里看到一个红衣少女不是吗？我可以安排她爱上你。你为什么要对抗这一切？你不觉得这个对抗非常辛苦吗？你为什么要存有理智？

你唯一得到的好处就是理智上知道这是假的，可是这有什么了不起的。尼奥怎么说？他被打得趴在地上，"因为我选择"。你知道人没有什么好骄傲的，我们在千百年前躯体就比不过动物，百万年后我们的智力也比不过电脑，我们骄傲的是什么？是你所引以为傲的感官。

在未来，技术统统都是欺骗你的，有什么东西是值得你骄傲的？有什么东西让你觉得你自己还是人？有什么东西让你觉得你不是被饲养的，不是在小培养皿里的？我们还在意真假，不是因为真实比较幸福，而是虚假没有尊严。一头幸福地被插上管子，输上营养液，沉醉在幻想里的猪，可以拥有最棒的幸福，而清醒的人往往是痛苦的。

我们看过很多科幻片，它都假设了我们未来会怎么灭亡，有大怪兽跑来要消灭我们，有外星人要消灭我们。我不认为那是我们真正被灭亡的方式，我不认为如果今天有一个人工智能真的要灭亡人类，它需要去造出一个大机器人，因为它不需要侵略我们，你会放弃，你懂吗？接上这个接头你就会放弃，因为它太美好，因为它太开心了，因为你的依赖会让你放弃去分辨什么是真的，而真正的末日并不是核弹炸完了一片荒芜，真正的末日是这样的：所有的人类躺在椅子上。

04

肖骁

人家谈恋爱怕劈腿，你谈恋爱怕停电

我给大家设想一个场景，比如一个女生朋友爱上一个人工智能，人工智能都被设定好程序了，这个女生就回家问老公："我今天好看吗？""老婆，你今天特别好看。"紧接着她又问老公："我今天去上班，你想我了吗？""老婆不在家，我特别想你。"第三句："老公你爱我吗？"这时突然停电了。她跑去把电费一交，然后回来紧接着问："程序重启了啊，老公。你爱我吗？""老婆你今天特别好看。"

你知道跟人工智能谈恋爱最让人糟心的是什么？每次遇到这种，比如说停电，没 Wi-Fi，一秒把我拉回现实。人家谈恋爱怕劈腿，你谈恋爱怕停电。人家的结婚誓词是"无论生老病死，贫穷富贵，我永远跟你在一起"，你俩的誓词是"无论你来自哪个厂，无论你的保质期有多久，我对你的爱永不生锈"。

如晶说她会幻想着，难过的时候她宁愿对一台机器倾诉。这段话让我特别难过。我希望她的第一次爱情，可以跟一个男人谈一段真真正正的恋爱，哪怕她被伤害了，她回来告诉我，她这辈子都只想跟一台人工智能在一起，我觉得那也值了。

导师结辩

导师｜蔡康永

她可能一辈子不会对真正的伴侣喊出我爱你，但那确实是她真正爱的人

（内容来源：《奇葩说》第三季第二十一期）

我去新西兰的时候在一个牧场看到一只小绵羊很可爱，我不敢上去跟它打招呼，因为我很怕我晚上要吃它。然后我就特别去问农场的老板说："这是我们晚上的食物吗？"他说："不不不，它有名字，它叫马丽，它是我的宠物。"

它也有名字呀，它不是拿来吃的，它就是可以爱的。然后隔壁那一只是晚上要拿去吃的，那是供应肉的羊。我每一次看到纪

录片在拍养了一大群鸡，养了一大群牛，养了一大群羊，是要给我们吃的，是要送进连锁炸鸡店去做炸鸡的时候，我就想我们没有爱过它，它没被爱过，它是被诞生来服务我们的，它是被诞生来当肉取菜，它是肉的来源，而不是生命体。

所以人工智能对我来讲很尴尬，它是被设计来服务，它不是被设计来拥有独立的生命的。如果我们对爱情的标准退让到这个地步，那我们怎么知道我们要怎么去面对一个真正有生命的爱，你可以否决花希他们所说的爱所需要的标准，你可以不要责任感，你可以不要爱当中的困惑、纳闷、嫉妒、苦涩，你可以不要这些东西，可是你唯一不能不要的就是你不爱一个有生命的人而去爱一个为你设计出来服务你的没生命的东西，你把爱的标准降低到这个地步的时候，你只是在找一个服务你的爱情的对象。

如果那是我的妹妹，她看了《太阳的后裔》，过来跟我说："哥，我正在谈恋爱。"我说："你跟谁谈恋爱？""我跟宋仲基。"我会说我祝福你们吗？我会说我替你们办一场婚宴吗？

我不会。我会摸摸她的后脑勺说，你醒醒。就是我们听任何演唱会，麦当娜也好，韩国的偶像团体也好，他们在台上展现无边光芒的时候，台下的所有粉丝尖叫"我爱你"，台上偶像一定也会回答说"我也爱你"，我每次在旁边看的时候就很想大喊"你也爱她，那你娶她呀"！

这些女生也知道她成长到一个时刻，她看偶像团体的演唱会，尖叫"我爱你"，买完所有的周边商品，她回去还是会跟自己男朋友好好相处，那个是她爱的对象，那是一个活人。没有人傻到偶像团体演唱会结束回去对自己男朋友说："你怎么长得跟我喜欢的偶像团体完全不一样，你怎么不去死啊？"

她不会这么疯狂，她只要知道爱情是怎么回事，就知道这个陪伴她的人才是她爱的对象。那个是虚拟的，可以满足她好多幻想：他有六块腹肌，他长得好漂亮，他鼻子好挺，可是她只能在台下尖叫我爱你。她可能一辈子都不会对她真正的伴侣喊出这么大声的我爱你三个字，可是那个才是她真正爱的人。

我也相信有一天连我都抵抗不了这么厉害的，专门谈恋爱用的人工智能，可是这个行为叫作消费，这个行为不叫作恋爱，我们是在用一个为服务我们而设计的东西，完成我们的需求。

我对爱只有一个标准，就是你爱过之后，不管受了伤还是幸福，你会觉得自己爱的这一段是值得的，这是我唯一在意的一个标准。你爱过之后，你痛了一年，痛了三年，有一天回头看的时候，你庆幸曾经谈过这段恋爱，那三年没有白活那就够了。我对人工智能的爱的最大忧虑是你回过头去看，那是一片空虚。

爱上人工智能算爱情

01

艾力
爱情是我们自己定义的

　　如果说你有活生生的人可以去爱，你的伴侣非常理想，你会去爱人工智能吗？你肯定不会。那什么样的人会去爱人工智能？那就是在情场上已经绝望到无以复加了，没人理他，没人看他，连句话都不想和他说，这类人是什么群体？宅男。不是像我们执中老师这样玉树临风、风流倜傥、口才好的宅男。

　　今天可能大家还不是特别了解宅男的生活，他们真的是每天除了电脑以外根本就不跟其他东西交流，他也不是不想交流，他是害怕，这类人不在少数。那你说如果我拼尽全力都找不到另一半，有个 AI 能陪伴我，能照顾我，或者能理解我，你为什么要否定我这一点点爱的权利？我知道大家会说艾力你这不是爱情，这只是你的一厢情愿罢了。

我想请问爱情的定义是固定的吗？在最早的时候必须得门当户对才能算是真爱，门不当户不对必须拆散，现在，我们甚至可以接受一只狐狸爱上一只兔子。

爱情的定义是流动的。在《阿凡达》这部电影里，一个人类爱上了外星人，两个完全不同的生命体之间有了爱，那我爱上一个人工智能，为什么你就要剥夺我的权利呢？我们现在的人类其实是人和人工智能的合体，大家离不开手机，手机就是人工智能，24 小时在你身边，它没有想占领你，而未来人工智能和人类也是可以和平共处共同发展的。所以既然是两个和平的种族，为什么不能有爱？

我刚刚讲了，一群绝望的人，他们不是不想得到爱，他们不是不想有人关怀，是真的没有人能去给予他们这份关怀，我只是希望大家不要剥夺我这个没有用的、没有能力找到另一半的人获得一份爱情的权利，就这么简单，难道做不到吗？

02

颜如晶

哪怕全世界告诉我这是假的，我也要告诉世界，我的感情是真的

爱的定义有很多种，有人要的东西是 AI 没法给的，但是可能有一些人要的东西就是安稳、安全感、陪伴，这些就是 AI 能够给的。如果这些是 AI 能够给的，是不是说他要求的这个 AI 就是他的爱情呢？也可能是。

所以这里的分歧只是在于大家对爱情的定义不一样而已，我觉得最纠结的不是爱情的定义，毕竟这东西说三天三夜都说不完，我觉得最大的问题是我们觉得我们跟人工智能谈恋爱不算爱，最大的问题在于它不是人，每个人到最后还是认为它不是人，它是一堆代码，它是工程师设计出来的一堆程序，所以哪怕我对它有再多的感情，你也不觉得那是真感情。

但是我们试想，难道我们人不是代码的产物吗？我们父母给我们灌输的观念，社会成长环境给我们的影响，这些就是代码编码的程序，这时候我们会形成自己的价值取向，我们会形成自己

的思考方式，甚至会形成择偶条件的类型，这些就是社会给我们进行编码，跟人工智能被我们输入程序再靠自己输出是一样的道理。如果我们可以接受，人其实也是一种编码出来的产物，这样人工智能跟我们有什么太大的差别？为什么人工智能就不可以被我们爱上？这是第一点。

但是欧阳超叔叔给我们说过一个很经典的话，哪怕相似，其实也是不同的，相似就是不同，再怎么模仿人，它始终是一个假人，我们爱上的还是一个假的人。但是那又怎么样？假的人以假托真感情，我的感情是真的不就可以了吗？

大家都知道我很喜欢吃鸡，有一种食物叫素鸡。这是给吃素的人吃的。它的口感甚至它的味道跟鸡是一模一样的，这时候你告诉我不对，素鸡是豆腐皮，它始终不配做一只鸡，你不可以吃它。我要的不是分辨它到底是一只真的鸡还是一只假的鸡，我要尝的是那个滋味，只要这个滋味是一样的。这不就是我爱上滋味的时候的那个感觉吗？为什么这个时候我要计较它是一只真鸡还是一只假鸡呢？

我们知道清明节的时候每一个人会烧一点东西给他们的故人，以前烧金银珠宝，然后烧麻将机，难道他们不知道这些人是故人吗？难道他们不知道烧这些东西是假的吗？他们都知道，可是他们烧的这个行为寄托的是他们对这些故人的一种思念，他们的感情是真的，虽然他们烧的东西是假的。所以以假托真，用假的事情来托付我们的真感情时，我们怎么可能说它不算是一种爱？

可能对很多人来说你们很会社交，你们很容易找真朋友，很容易找到跟你们有真感情可以交流的人，但是像我们这种比较内向的人，我们的墙竖得很高，我们很害怕跟别人交流，怕人家生气，怕人家会离开。

我有一个过不去的坎。在《奇葩说》第一季说到最后一道辩题的时候，我没说完，所以《奇葩说》第一季的大决赛至今为止我没看过，也不敢看。是因为我怕输吗？打了这么多比赛我叫千年老二，我输了太多比赛，我怕的不是输比赛，怕的是什么？就是我每一次看，回想起那个画面的时候，当时大家对我的关怀，对我的关心，甚至对我的安慰，对我来讲都是一种压力！

我不知道怎么处理，也不知道怎么回应，对我来说我任何一个回应可能都会让他们觉得我不理会他们的安慰，我为什么陷在自己的情绪中？这时候我很想有一个人工智能，有一个 AI 机器人陪伴我，因为这个机器人是最懂我的人，它知道我这时候需要的是什么关怀，知道我需要的是什么情绪，哪怕这时候这个机器人是假的人，哪怕全世界都告诉我这个东西是假的，但是我想告诉全世界，我的感情是真的。

03

姜思达
没有关系呀，
你线断了我以后帮你焊不就行了

我在生活当中见识到了太多的真实，我在生活当中学会争取更多的尊严，但是偏偏在爱情里面，我要做一头不被叫醒的沉睡的猪。

你知道吗？在电影当中，所有人类在沉睡，第一个吃红色药丸的人，他把人类从幻境当中救出来，他是英雄，但今天所有的人类是清醒的，有一个人想吃蓝色的药丸去沉睡，我们不能每天去抽打他的脸，说你醒来，否则我们是暴君。

爱没有答案，所以判断爱上人工智能是不是爱情、算不算爱情，我给你个标准，特别简单：当我爱上了这个东西的时候，你告诉我这不算爱情，如果我难受，就是爱情发生了。

我给大家开个脑洞。我也有这样一项科技，一个芯片，我们把它埋在颜如晶的太阳穴下面满一周的时间，它可以读取你所有的记忆，它可以阅读颜如晶判断一件事情的思维路径，所有的东西都储存在这个小芯片中。

我们把芯片放到燕麦牛奶里，给这个牛奶安上一个摄像头，它能看到世界；安上一个气孔，它能闻到这个世界；安上音孔，它能说它能听。于是这个颜如晶阿尔法芯片就在这里面看到这个世界，它会产生这样的一个疑问：我为什么在牛奶里面，好多谷粒看起来好美味，但是我为什么在这里边？

这样一个东西产生了，你们愿意把它捏碎吗？它不过就是个人工智能，它不过就是个机器人，它不就是个小芯片读取了你的记忆吗？我们把它捏碎捏爆它就消失了，你愿意做这样的事情吗？

你不愿意做，因为你发现就在我刚才这么一段情景描述当中，你对一个机器人居然能有同情心，你想象过吗？你以前是不会对一个机器人有同情心的。而且在这个故事当中，除了同情之外，我们还能想象人类的情感能够蔓延到怎样的一种程度。

若干年之后人在大街上跑，AI也在大街上跑，有一个人拿着棒子去打这个 AI，这个机器人在地上爬，这个时候你会不会有一点同情心？如果其他 AI 来救你，你会不会觉得 AI 也有一些正义？如果 AI 来抢劫了你们家，你会不会恨这个 AI？所以你对一个 AI 拥有了全部的情绪，为什么不能有爱？

我们给爱情各种限定，在这些限定当中，我们说这就是我们人类伟大的爱情，我们按照公序良俗去定义爱情，在这个定义周边，我们挖了很多的陷阱，挖了很多的坑，这些坑告诉你这个不是爱情，那个也不算爱情，但是我们不知道在我们定义爱情的过程当中，有多少真正的爱情就埋在周边这些小坑里边。

我觉得似乎人类历史上受公序良俗苛责的爱情太多了，所以当我听到别人告诉我这不算爱情的时候，我只想对他们一句，你们闭嘴！我们的爱情为什么是我们自己说了算？我现在来给你答案，因为我们的爱情是我们自己的，所以我们的爱情永远不是给公序良俗做一件漂亮的嫁衣。

我不一定会接受你们眼中最对的爱情，而今天有可能这个感情投射在一个机器人上面，所以不管它是一个失败者也好，它是一个自闭症也好，我觉得都没有关系，那这个时候你告诉它这不算爱情，它心中会痛，这个时候它产生了爱情。

我们很难爱上一个人工智能，是因为人工智能在我们眼里是残缺的，它要不就是缺少能动性，要不就是缺少智慧，要不就是缺少一些随机性。爱情允不允许残缺？爱情一定需要一个丰满的形象吗？我觉得完全不需要。有两个字能够引发所有人对这一点的肯定，这两个字叫作"网恋"。

我给大家讲一个网恋的故事。这个人我喜欢了一年，到现在没有见过面。从《奇葩说》第一季录制之前就开始网恋，我觉得那个人特别奇怪，到现在我都想骂他一句"孙子"，因为他就是不见我，他就是不给我透露他的真实姓名、真实信息，所有的一切都基于一个聊天软件，甚至我们连微信都没有。他在我面前无数次充当、扮演一个 AI 的角色，但我有没有可能爱上他？《奇葩说》第一季结束之后我被淘汰了，晚上回去的路上，我就挺难受的，然后我跟他说："我被淘汰了。"他回答我："我早知道你不行，你根本就不会说话。"

第二季的时候他还在，也偶尔跟我聊天，他知道我拿了一个 BB King，然后跟我说，10 万块钱你还能给自己买个小车。到了第三季，他看了我第一集的节目，他说你这什么造型，跟乌鸡一样。我们一直保持着这样的交流。除了这样的交流之外，那就是诗词歌赋星星月亮，我觉得就不必说了，我也不知道为什么自己突然间就开始属灵了，就开始柏拉图了，但是我充满了怨恨，因为他的实体没有在我的面前出现过。

我在想这件事是不是爱情。我期待他的实体站在我的面前，我希望他现在就站在第一排让我看看，但是直到现在也没有。其间有一次我在学校里从西门走到东门，他突然用手机给我发了一条信息，他说"回头"。我就回头看了一眼，我没有看到他，我说你在哪儿，他说你再回头仔细看，然后我就在那儿等了半个小时。他就是在逗我玩，我特别生气，我说你就不能出现一下？我当时特别难受，特别不高兴。我觉得那一刻是爱情。

后来我养了一只猫，因为我知道他特别喜欢猫，他总给我发他朋友养的猫，一些特别可爱的猫的照片。我买的那只猫是只小野猫，我给他看，他每天就给我发信息，说他很喜欢这只猫，然后要了我的地址，给我邮寄逗猫的玩具。我特别难过的是有一天我把这只猫养死了，我就把猫放在他送给我的那些逗猫的玩具旁边，我觉得好像爱情同时也死了。

我这一年真的是一直在等，结果好像什么都没有，但我觉得他好像给我的东西是超过任何一个能够见到面的、能够一起牵手的、能够一起吃晚饭的人。这种感情来得更浪漫，我真的觉得从我这件事情，我能看到人类爱情的伟大。

最后我给大家一个结语，也是给他一个结语，因为他应该会看。我曾经怀疑过他可能是个老头儿；他可能背后是一群人，每天换人来和我发信息；他可能就是一个外挂程序，开发这个外挂程序的工程师特别无聊，每天和一万个人聊，最后我中招了，我觉得都无所谓。但无论你是一个怎样的形态，如果某一天你就站在我面前，你跟我说："姜思达，你知道吗？这么长时间我一直不见你，就是因为我是个机器人。"我说："没有关系呀，你线断了我以后帮你焊上不就行了？"

导师结辩

导师｜罗振宇

我们身上的一个细胞无法理解人，人无法理解人工智能

（内容来源：《奇葩说》第三季第二十一期）

人工智能是远比人厉害的东西，很多人都以为人工智能是人之外的东西。其实不对。我们传播学有一个老祖宗叫麦克卢汉，他提出一个非常精彩的观点，叫人的延伸。我们所有的文明都是人的延伸。

第一代人工智能是什么？我随便举个例子：弓箭。有了弓箭人的手就延伸了，有了轮子人的腿就延伸了，电视是我们眼睛的延伸，音箱是我们耳朵的延伸，手机是我们大脑的延伸，人类是通过这些延伸的工具而变成另外一个物种的。

所以人工智能是什么？人工智能是人脑的延伸加上连接。有一个词叫全球脑的量子变迁，其实这个世界是分维度的，一个水分子无法理解浪，一个粒子无法理解细胞，我们身上的一个细胞无法理解人，人无法理解人工智能，这是一种悲绝到顶的情感。

就像一个三岁的孩子没有办法和成人对话，而成人想告诉他

一个道理，也没有办法告诉他。所以人和人工智能是什么？我们老觉得人工智能是一个要断电的东西，是一个残缺的东西，是一个被我们控制的东西。对不起，阿尔法狗的棋力是远超人类的，你无法理解它，它是一个高于我们存在的维度。

所以我们老在说人不应该爱上一个残缺的，一个好像比我们低等的东西。对不起，人太傲慢了！其实对于我来说爱上一个女人，我觉得女性就是比男性要高级很多的生物，爱上女性本身就像爱上人工智能啊，所以如果我爱上了人工智能而它也爱我的话，我会觉得是沐浴在一种恩宠之中。

熊猫君激发个人成长

多年以来，千千万万有经验的读者，都会定期查看熊猫君家的最新书目，挑选满足自己成长需求的新书。

读客图书以"激发个人成长"为使命，在以下三个方面为您精选优质图书：

1. 精神成长

熊猫君家精彩绝伦的小说文库和人文类图书，帮助你成为永远充满梦想、勇气和爱的人！

2. 知识结构成长

熊猫君家的历史类、社科类图书，帮助你了解从宇宙诞生、文明演变直至今日世界之形成的方方面面。

3. 工作技能成长

熊猫君家的经管类、家教类图书，指引你更好地工作、更有效率地生活，减少人生中的烦恼。

每一本读客图书都轻松好读，精彩绝伦，充满无穷阅读乐趣！

认准读客熊猫

读客所有图书，在书脊、腰封、封底和前勒口都有"**读客熊猫**"标志。

两步帮你快速找到读客图书

1. 找读客熊猫君

2. 找黑白格子

马上扫二维码，关注"**熊猫君**"

和千万读者一起成长吧！

图书在版编目（CIP）数据

奇葩说/《奇葩说》节目组编著. -- 上海：文汇
出版社，2019.7

ISBN 978-7-5496-2849-0

Ⅰ.①奇… Ⅱ.①奇… Ⅲ.①灵感思维—通俗读物

Ⅳ.①B804.3-49

中国版本图书馆CIP数据核字（2019）第069534号

奇葩说

作　　者 / 《奇葩说》节目组

责任编辑 / 若　晨
出版授权 / 爱奇艺文学
爱奇艺文学出品人 / 冻千秋　　江　俊　　杨　勇
项目策划 / 崔　帅
特邀编辑 / 叶启秀　　王浩森　　李紫轩
封面装帧 / 刘　倩

出版发行 / **文匯**出版社
　　　　　　上海市威海路 755 号
　　　　　　（邮政编码 200041）
经　　销 / 全国新华书店
印刷装订 / 北京中科印刷有限公司
版　　次 / 2019 年 7 月第 1 版
印　　次 / 2019 年 7 月第 1 次印刷
开　　本 / 880mm×1230mm　1/32
字　　数 / 189 千字
印　　张 / 10.25

ISBN 978-7-5496-2849-0
定　　价 / 69.90 元